隐居
精致人生 大隐于宅

2011

三宅·一生

宜居
关注生活中的细节

乐居
超越居住,乐享生活

中国家装行业的发展与兴起,10余年间,我们经历了从注重风格设计到回归生活本质的深刻探索。东易日盛将

这些探索心得凝练成一种生活经验,切切实实地表现出来,与大家分享,它是人生经历,更是经历后的感悟。

五"新"主张

INHERIT THE CLASSICAL STYLE AND CREATE NEWLY

多维解析现代生活新样态

现代新极简——少即是多的致简美感

现代新中式——似东方不古典的韵味

都市新奢华——流光溢彩的明星范

法式新宫廷——浪漫优雅的精致格调

美式新古典——雕琢生活的惬意时光

[世纪风格] 生活新主张 × 维度新阐述

从人文历史出发,探究风格根源的初衷,结合时代发展和家居趋势的变革,重新阐述风格辐射的维度,将设计的触角延伸到家装、家具、产品、软装、陈设等方方面面,体现客户的生活观和审美观,让家充满温度和爱。

七"芯"行为

HOME LIFESTYLE PLANNING SYSTEM

家居生活方式规划系统

[入户]　[会客]　[用餐]

[下厨]　[就寝]

[洗漱]

[保洁]

[匠心生活]

从"居者忧其居"到"居者有其居",再到"居者优其居","家"作为生活的重要载体,被不断细分和深化。房子的属性也早已悄然

改变,不再只是居住的空间,而演变成一种生活态度和生活方式的体现,"以生活方式做设计"也成为家装界所推崇的理念。

Vaillant 德国威能

舒适你的世界

德国威能·壁挂炉

供热·制冷　新风·空净　水处理系统

Vaillant Comfort for my home

OCEANO 欧神诺

欧神诺瓷砖

定制你的专属幸福

FCS技术

精雕细刻，面面充满质感艺术

国际风尚 全球共享
INTERNATIONAL FASHION
IS SHARED AROUND
THE WORLD

simon i7 SERIES

极致简 越非凡

小功率Wi-Fi，低辐射，
不必担心辐射之伤害

雅白

香槟金

荧光灰

色彩空间 雅致多选

◆ 精细磨砂表面工艺
◆ 不同寻常的联体风格

官方微信

官方微博

开关・照明・智能家居　　西蒙电气（中国）有限公司　免费咨询电话：400-820-5960　　800-820-5960　　http://www.simon.com.cn/

FRONTIER 前沿
HOME

Simple life 减法生活

東易日盛 编

辽宁科学技术出版社

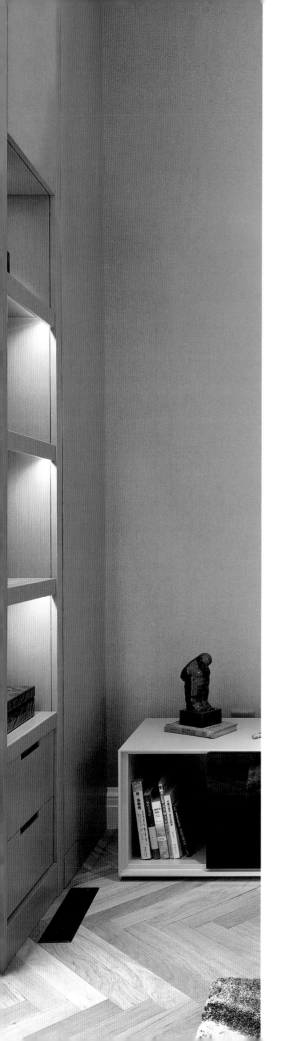

FRONTIER 前沿 HOME

减法生活

《前沿》编委会

主编单位	东易日盛家居装饰集团 A6 平台
主编部门	专业提升中心·设计师提升部
名誉主编	孔 毓
顾 问	孙仲欣
主 编	赵 颖
执行主编	朱晓蒙
编 委	薛静波 史 岚

图书在版编目（CIP）数据

前沿:减法生活 / 东易日盛家居装饰集团有限公司 编.

—沈阳:辽宁科学技术出版社,2018.6

ISBN 978-7-5591-0790-9

Ⅰ.①前… Ⅱ.①东… Ⅲ.①室内装饰设计 Ⅳ.①TU238.2

中国版本图书馆 CIP 数据核字 (2018) 第 121176 号

出版发行	辽宁科学技术出版社
	（地址: 沈阳市和平区十一纬路 25 号 邮编: 110003）
印 刷 者	辽宁新华印务有限公司
经 销 者	各地新华书店
幅面尺寸	215mmX275mm
印 张	6.5
字 数	150 千字
出版时间	2018 年 7 月第 1 版
印刷时间	2018 年 7 月第 1 次印刷
策划编辑	于 倩
责任编辑	赵淑新
封面设计	朱晓蒙
版式设计	朱晓蒙
责任校对	王玉宝

书 号	ISBN 978-7-5591-0790-9
定 价	28.00 元
邮购热线	024-23284502

捕捉潮流资讯 畅 享 设 计 灵 感
分享设计案例 尽在东易设计圈

欢迎投稿

电 话	010-58636964
E-mail	dyrssjsts@126.com
网 址	www.dyrs.com.cn

设计的**信仰**

我们一直在追求更好的设计
寻找从未停止

好的设计在哪里？

世界本无界，设计亦无界。无界的设计思想，才能回归本源的生活。游走世界各地，往返中国与欧洲各国，今年是外籍设计师毕达宁与中国结缘的第十七个年头。"之所以来到中国，是要将国际流行趋势带给中国，将好的设计理念融入到设计里。我们研究趋势是为了探知趋势背后的驱动力，找出影响我们生活的主因，这有助于我们更好地理解人们的需求，并交出契合的答卷，实现他们的生活梦想。"作为东易日盛设计师，一切设计的初衷都来源于人们的需求，这是设计师该有的责任和使命。

好的设计是什么？

一个好的设计，不一定要追求极致的视觉冲击力，但一定是要好用的。因为只有好用的设计才经得住时间的考验，而"好用"体现在每一个隐藏的细节中，设计过程中的悉心和精确是对人的一种尊敬。当女儿蹦跳在妈妈身上的时候，身后的沙发要有多宽，这个人体的自然倾角，就是一种无声的关怀。好的设计，是用一颗心做出来的。一个真正的好设计师，并不是盯在那张冷冰冰没有生命力的纸上，而是在纸以外，在人们的生活中。

设计的意义是什么？

设计不仅是职业，它更是温暖这个世界的一种手段。也许你随意画的一个图形，就有可能是一个孩子整个童年玩耍的场所；也许你调整的高度，就可能决定了一个老人弯腰的弧度和次数。又或者窗边装一个小小缓降器的设备，就可能在关键时刻救人一命；而浴室中的不同选材，可能关乎一家人的健康与安全。那些图纸背后的细节，都是我们服务人们生活的一部分。作为一名设计师，不仅要满足人们现有的生活需求，更要努力去创造一种更好的生活方式。

好设计，为生活。好生活，用心筑。
致未来，向更好，这就是设计的信仰！

扫码观看东易日盛 20 周年影片

FRONTIER 前沿 HOME

CONTENTS 目录

光合作用

068 **概念解析**
解答什么是光，它从何而来，有哪些特点，会产生怎样的颜色，
不同的光在不同空间会有哪些特点等一系列基础问题

074 **空间重点**
每个空间对于照明都有着各自不同的需求和呈现，涉及灯具
的选择、安装的方式、照度的高低、功能的匹配等

088 **专业延展**
和舒适度、健康有关的照明话题，需要在家装这个行业的大
环境下进行普及并引起重视，即照明中的眩光话题

居家文化

094 **中国人的"家文化"**
倾听文化的回音，感知生活空间，探寻房子的人与事，顺着
中国汉字文脉寻找"筑家"之道

设计

无论时光如何流转

经典的设计永不褪色

前瞻思想 流行家居趋势

思想的火花 艺术的魅力

都将在这里迸发

预见设计 把握未来

探寻未来生活的新方向

趋势 Trend

2018/19 FW
复古色彩风尚

VINTAGE COLOR

天际蓝 Horizon Blue

天际蓝的色彩明艳，却透着回忆的色调，是积极阳光而又充满复古情怀的一个色系。它像碧蓝中混杂着白雾的清晨，让人不禁想去探寻背后的美好。

烟灰卡其 Smoke Grey

饱含复古情怀的烟灰卡其自带对秋天落叶的依稀记忆，淡淡的色彩仿若尘埃不经意拂过，却又留下自己到过的痕迹。

1. 墨彩矾红系列壁纸使用了手绘水彩的风格，将意大利科莫湖美丽迷人的景色呈现于世人眼前。**Idealidea** 2. 金色勾勒出天色的纯净，**Charles Lane** 杯垫让人在品茶间，仿佛置身爱琴海边。**Kate Spade** 3. 优雅的线条与简单的造型组合出空间至简的美感。**Rothschild & Bickers** 4. Arno 沙发时尚、现代的设计线条在充满奢华韵味的天鹅绒质感中，为家庭空间增添活力。**TOV Furniture** 5. 融合折纸艺术的单人扶人椅，具有独特的雕塑风格和舒适的座位，能够将人环抱其中。**BoConcept** 6. Trace 地毯灵感来源于风吹过芦苇形成的痕迹，柔和的配色与经典几何图形结合在一起，富于生命的美感。**Normann Copenhagen** 7. 淡淡的卡其色靠包，如同羊羔皮毛般柔软而舒适。**Sies Marjan** 8. 经典复古的边桌茶几，带着 20 世纪美国都会的繁盛与喧嚣。**Chaddock Home**

未来，家的更多可能
A NEW LIFESTLYE

随着中国城镇化快速发展，城市人口快速增长、土地资源匮乏、城市房价年年攀升，使得城市居住的人们承受着资源、环境、生活的多重压力，优质的居住环境将越来越稀缺。如何让家更大、更健康、更节能、更独特，将是人们未来共同的诉求。

达尼罗·毕达宁 东易日盛首席外籍设计师 / 英国皇家建筑协会会员 / 意大利注册建筑师

我们居住的家其实也是世界的缩影。世界在变，社会在变，生活在变，设计也必然随之而变。在这个创意横行的时代，无论是爱或者厌恶，新的设计趋势都将如约而至……面对居者诸多的困惑，东易日盛首席建筑设计师达尼罗 · 毕达宁，以设计为介质，以趋势为线索，从宏观的社会发展、生存环境、居住状况的大趋势，到微观的消费、生活方式、流行时尚的小趋势，由表至里地进行层层剖析，探寻未来家居设计新方向！室内设计正在反应着居者内心真正渴望的东西。Design is reflecting what we collectively desire.

更大的家

如今，超过一半的世界人口都居住在城镇，城市居住空间的不断减少，增加着城镇居住的压力。"更大的家"主要是为居住在小空间的城市居民和数字游民（digital nomad）提供生活方式的解决方案，它体现了节省空间的理念，提供更绝妙的解决方案和适应性强的设计。

更健康的家

居住在城市中，大多数时间我们把自己封闭在户外活动的大门之外，因此，"更健康的家"关注如何实现在家中的幸福之感，我们通过室内设计、装修方式、颜色选择、对家人健康的影响、装修行为以及整体幸福方面来让空间看起来更加健康。

更节能的家

在城市化进程中，各种废品数量的激增，促使我们未来必须将废品转化为新事物，达到城市生活的可持续发展，而综合性的设计方法是可持续性的基础。"更节能的家"是指利用回收旧材料，同时为设计提供理念和办法来将废品当作资源合理利用。

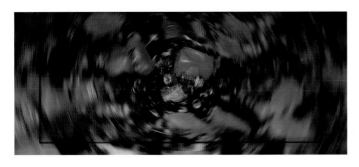

更独特的家

随着人们对于大批量生产和快速消费越来越强烈的反感，人们对于较为慢速和可持续的技术和手工艺的喜爱开始逐渐兴起。消费者更热衷于购买做工精良的产品和产品背后蕴藏的故事。我们注意到很多人开始投入到手工艺行业之中，成为某一方面的专家。

趋势— 更大的家 *BIGGER* +

> "如何通过设计，在有限的空间里，满足人们对居住空间舒适性和宜居性的追求？"

多变 空间功能的无限切换

FULL SYSTEM 可自由伸缩的床体，能够提供办公场所和具有足够空间的衣橱，以及完整的客厅娱乐控制台和橱柜。QUEENSYSTEM，则只需轻轻按动按钮，宽敞的客厅就会变成一个舒适的卧室或一间步入式衣帽间，抑或是一个办公室。

——ORI 住宅系统

实用 可移动、组合、调节

产品单元的拆分、组合，定义空间不同的生活场景，呈现出居者不同的生活样态。房间太小，如何同时满足储物与居住需求？不如利用立体空间和床下空间，打造可以随意排列组合的二人世界。

——Dielle 家居解决方案

共享 高效的空间使用率

共享都市空间（MINI LIVING）概念，大胆创新，探索居住新主张——在最小空间内最大限度地提高生活质量，无论是单身人士还是家庭都可以通过短期、中期和长期的租赁计划在这里安居乐业。

—— MINI Living

色彩 光感的混合搭配

光是色彩的物理先决条件，光和色彩的组合形成了空间的整体氛围。灯光、自然光不同层次的混合搭配，给人不同的视觉效果。冷光使空间看起来开阔，暖光则使空间看起来舒适和亲和。

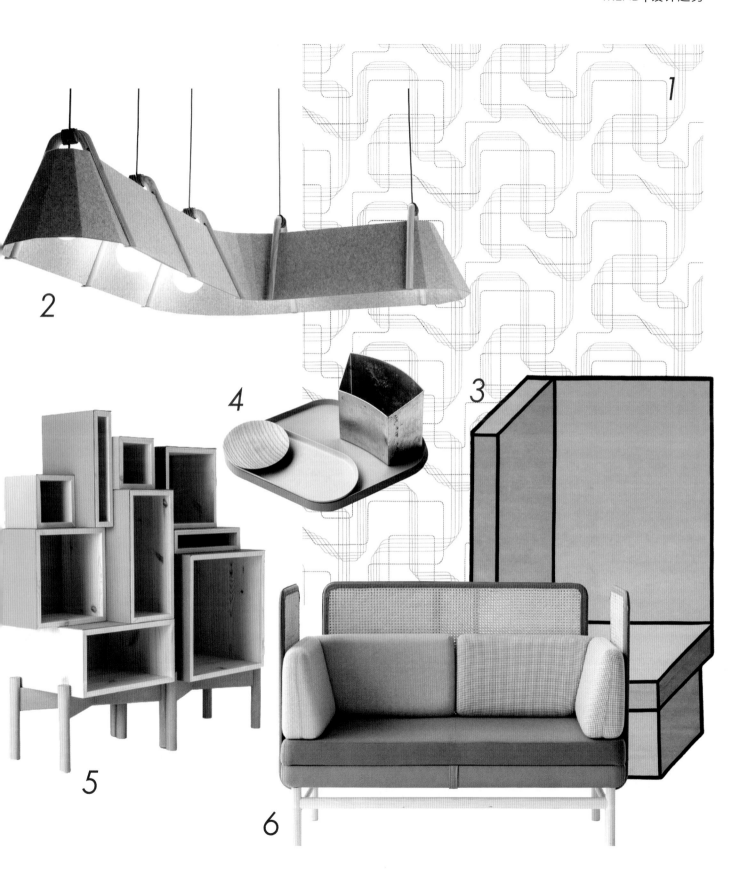

1. 都市的繁忙让多数人习惯了两点一线的生活，那就让我们用不规则的折线打破生活的单调。Idealidea- 阿基米德系列壁纸 2.Frankie 吊灯创新的角落模块设计，与 L 形餐吧台形成巧妙的搭配。Designtree 3. 法国、意大利设计，尼泊尔生产，三种不同文化、理念与工艺的融合，碰撞出充满奇趣色彩的地毯。CC-tapis 4.APOP 的意思是"一块塑料"，设计师以无限搭配的形式，让托盘具有了更多的价值。BKID 5. 模块边桌是由一个个小盒子叠加而成的，可任由主人的喜好进行拆分、组合。Flexible 6.Popsoffa 多单元设计，让空间富于变化的趣味。Gärsnäs

趋势二 更健康的家 *HEALTHIER*⁺

"面对日趋严峻的生态环境，如何终结污染，实现居者在家中的幸福之感？"

智能　室内花园

水耕厨房纳米花园系统，能制造出新鲜的无化学污染的蔬菜。通过控制机能可为植物提供必要的物质，例如水、二氧化碳、光照等。
花园墙利用无线网来操控，根据软件的指导你可以清楚地了解每一个步骤需要做什么。我们只需要每周更换水源，并且不用再担心双手会沾满泥土，因为这些植物不再需要任何肥料或者泥土。

绿色　素食煮义

烹饪素食需要清洗大量的食物，考虑到这一问题，Vooking 创新开发了双池水槽，并且在水槽周边添置了平台，水槽可以组装也可以拆卸。娴熟的素食烹饪一般需要 50 种不同的佐料，因此 Vooking 提供了足够的空间，可摆放 36 种香料。

——**Vooking 橱柜**

创意　疗愈、调节

漂浮豆荚技术用作冥想、疗愈，解除焦躁，治疗慢性病痛，具有康复肌肉以及其他更多的作用。通过对形状和灯光的设计，吸引人们的目光，进行色彩疗法，调节生理和身体的双重节奏，从而改善睡眠。

——**Float Pod Technologies 豆荚浴缸**

1.壁纸渐变的波纹图案如碧水被投石碰撞出的涟漪，层层递进，富于节奏。**Idealidea- 赫斯特系列壁纸** 2.Modulo Zero 储物柜可以在家庭的任何房间转换不同的角色，创造出灵活多变的空间效果。**Morelato** 3.Gioielli 壁灯是由不同的组件构成的，铜盘映衬着彩色宝石折射的光彩。**Giopato&Coombes** 4.智能室内花园可以清楚地知道并管控每棵植物的健康状态，通过调整光照和供给让植物达到最棒的生长结果。**Edn** 5.森绿色天鹅绒尊贵典雅的气质，一直深受贵族们的青睐，在家中摆放这款沙发，客厅从此告别平庸。**Modshop** 6.打开 Anemos 茶几，里面隐藏着四把可伸缩的柔软座椅，温暖人心。**Cappellini** 7.Confetti 边桌水磨石的闪亮与绿色脚腿的简洁，描绘着简单的清凉之感。**Fish and Pink**

趋势三 更节能的家 *SAVER* +

"面对人口数量的激增，能源的不可再生，如何让旧材料赋予空间新的活力？"

再生 | 循环利用

产品的重复使用和二次回收材料的再循环利用，为设计师们提供理念和办法来将废品当作资源合理利用。宜家厨房 -Kungsbacka 家具组合是宜家的第一个完全由可再生塑料瓶和回收的工业木材制成的橱柜，门由可再生材料制成，对环境无污染。

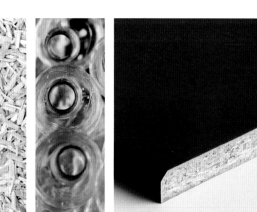

复古 | 一物多用

复古风格是循环利用的另一面，在家具设计和室内装饰中采用创造性的循环利用技术和一物多用技术：大量设计灵感都来源于重复使用和循环使用的理念，这种灵感与当代家具风格结合能够为现代室内设计和室内装饰增添个人主义的独特风采。

环保 | 可持续性

纽约阁楼项目将目光关注在材料的环保可持续性上，体现在利用牛仔布前墙面材料达到隔音降噪的效果。整装浴室使用来自墨西哥的可循环铝制墙砖，地板则由天然的石灰石制成。公共区域铁制栏杆的复古感和翻新木质地板的岁月感，使得整个房间尽显低调的奢华。

1.SINTRA 辛特拉系列瓷砖，复古考究的肌理感，充满岁月的沧桑记忆。**Idealidea** 2.Industriell 英德川单人扶手椅是由纸纤维制造的，仅只需要 12 颗螺丝即可快速组装而成，经久耐用，高效环保。**IKEA** 3. 将废弃纸张回收，溶浆后高压喷绘在钢网上，赋予纸张新的生命力。**Jamie Shaw** 4. 玻璃花瓶由工匠人工吹制而成，每一件都具有独特的色彩和图案。**IKEA** 5. 焦糖混合着烟熏的气味在软木材质的基座上弥漫、消散，独特而神秘。**TomDixon** 6. 由再生塑料制造而成的 Luisa 儿童座椅玩具，在关注儿童健康成长的同时，坚持全球可持续性发展的社会责任。**Ecobirdy**

趋势四 更独特的家 *UNIQUE* +

"多元文化的相互碰撞让新思想如火山爆发般涌现，如何营造一个更个性化的家？"

手工 | 手工艺制作

手工工艺与材质、色彩、造型巧妙融合，赋予产品独一无二的特性，让家居空间别具一格。Lasvit 这一新的照明系列中的炸裂花纹是通过把融化玻璃吹进干燥的木质模具中而制成的。由于模具只能被燃烧和使用一次，每个灯具上的纹理都是独特的。

另一个趋势是突出木材料经过凿刻、打磨后的"纹理感"，手工艺者的高超技艺与现代的设计风格，让产品具有大胆和简洁的外形特点。

色彩 | 聚焦的暖色调

Tikkurila 将 Terracotta N405(赤土色) 评为 2018 年的颜色，承载着工艺、欧洲建筑的回声。Terracotta 与明亮的中性色搭配，创造出一种尊贵而优雅的组合。

1. 风，轻轻吹动树叶，光与影在房间缠绵，婆娑，一切都如此的安适惬意。**Idealidea- 如意系列壁纸** 2. 海水与日光的洗礼赋予甲板岁月的沧桑感。**Idealidea- 加勒比系列瓷砖** 3. 运用藤条手工编织的 Riverdale 吊灯，动感流畅的曲线在光线流转中给人以轻松愉悦的自然之感。**Serena& Lily** 4. 手工艺编织出的所有的图形都存在于编织者大脑中，它创造出不同凡响的艺术魅力。**AS'ART A SENSE OF CRAF** 5. 基于几何学，将金属錾刻于坚实的木材之上，呈现出变幻莫测的几何图案。**Nada Debs** 6. 餐边柜面板手工雕刻、打磨出的完美弧线，让用餐不仅是味觉的触碰，同时又充满视觉的享受。**Arches** 7. 陶土在烧制的过程中会因温度、材质使器物产生万般的变化，创造世间仅有的喜悦。**Lenox** 8. Zanat 手工木质花瓶都是由特殊的工具雕刻而成的，愈发稀有珍贵。**Zanat-Nera**

减法

减是一种心态

也是生活的一种状态

舍得放弃 甘于淡泊

才能获得心灵的安宁

回归你所爱的方式

学会与内心和平相处

坚守一份清醒与自持

用减法思考 过简约生活

法则一

空间减法
化繁为简

MAKE THINGS SIMPLE

❶ **减少结构空间的分割**

　　零散的结构重组，使空间开敞统一

❷ **缩减生活动线的距离**

　　合理规划人居路径，拒绝重复、冗长

❸ **简化空间布局的功能**

　　明确空间功能，提高使用频率及针对性

赵庭辉

东易日盛 设计师

案例小区：一瓶·凤图腾

建筑面积：270m²

生活主张 | 拒绝杂乱 远离嘈杂

拒绝杂乱无章的空间关系，告别城市喧嚣的浮躁

舒服，有时候是一种说不出由头的宅。没有理由，就是愿意，心舒服了，一切就有了依恋的理由。空间的舒适与否，带给人的精神力量是完全不一样的。在宽敞、明亮、通风的舒适房间，让所有感知都处于最愉悦的状态。

设计见解 | 空间重组 动线梳理

现代人习惯用一味向外界寻找、索求的方式来减压、放松，却不知道真正的放松更应该是向内的放松：向内在的探索，来自内心的修复。"清晨起床，站在窗前，整个陶然湖面的美景尽收眼底，清新的空气扑面而来。顿时'天有时，地有气，材有美，工有巧合此四者，然后可以为良'，《考工记》描绘的绝美画面宛如眼前。"在第一次来到这幢房子时，设计师心中便浮现出这样一幅主人未来生活的惬意场景。

原户型繁缛的空间结构，使得主人的生活路径缺少连贯性和家庭成员间的互动性，老人房、儿童房临街的嘈杂严重影响了家中老人的休息及孩子的学习，经过对空间关系的周密梳理，设计师将"减化"定义为本案的设计核心。

将原老人房、客房与厨房之间的墙体全部打通，合并成为客、餐、厨一体的家庭生活公共区域。繁复空间的精减梳理，使得整个公共区域开敞、融合。空间动线是居住者生活逻辑的体现，顺畅合理的路径能够提高居住的便捷度，并直接影响着家人间和谐的关系。动区客厅、餐厅、西厨之间直线的联动，缩减了原本空间出餐、就餐折线往返的距离。女主人告别了"面壁式"的独自烹饪，在开放的西厨空间为家人展示厨艺。

老人房、儿童房被移至与主卧同侧的向阳面，充足的采光让房间明亮而通透，远离了街道的嘈杂，结合着房子浑然天成的地理位置，每间卧室都能静享窗外公园四季更迭的美景。主人房位置的调整，同时增加了卧室、主卫及衣帽间三个区域的面积，大大提升了使用的舒适度，彰显主人私享空间的尊宠品质感。空间使用的重新分配则让每个家庭成员都拥有相对独立、安静的私属领地，同时，使得空间与空间的活动节点更加直接、高效。静区卧室与卫浴空间短距离、直线的行走路径，最大限度地保证了主人居住动线的使用效能。

生活畅享｜功能至上 专注情感

家的温度是对家人一点一滴的倾注，对细节一丝一毫的关注，心思细腻的女主人就这样把情感融汇到了家的每一处角落。初次踏入主人家中，随着人的走动，感应灯带缓缓亮起，迎着"日照金山"的光芒，置身原木色的玄关走廊，温暖、闲适的归家感油然而生。

玄关利用墙面设置通体的实木鞋柜，简洁纯粹的线条，让身体栖息于自然的木香之中，超大的存储空间能够满足一家四口人上百双鞋子的存放收纳。鞋柜下方抬高架空的设计处理，放置经常穿用的鞋子，方便随时拿取。摒弃华而不实的玄关装饰柜，入户端景选用舒适的北欧风双人椅取而代之。进出家门时，避免老人弯腰更换鞋的不便，也可以满足两个人同时坐下，方便主人照料五岁淘气宝宝换鞋。

电视墙下一气呵成的壁炉总能让人联想到一家人温馨团聚的画面，冬日围坐其中，和乐融融。即使是独自一人的冬日，在温暖的壁炉边，将身体深陷在座椅的怀抱之中，也不觉孤单。

追求高品质生活的人，对于生活中的每一件器物都有着尽善尽美的审美准则。室内挂画均选用了绘画艺术家吴冠中先生的作品，西式形式美与中式意境美的画作韵味融合着现代简约的风格，给空间平添几分含蓄的气质修养。

生活不仅仅是满足精神的诉求，更是实实在在的关爱，把细节做到极致，才是最完美的诠释。中厨电动传感门阻隔了烹饪产生的油烟，加装的安全开关，防止家人因误操作导致的不便。西厨橱柜台面上翻的设计让视觉更加统一、和谐，夜间取用饮水，内嵌射灯避免光线直射对视觉造成的不适。

由于国际金融市场的地域时差，从事金融服务的男主人每天夜间处理公务是生活的常态，独立书房自然成为必备空间。"我平时工作比较枯燥，希望书房可以舒缓压力，没想到设计师给了我意想不到的惊喜。"站在书房门前，少言的男主人打趣地卖起了关子。简约的办公桌椅，回形格书架，四幅富于山水韵味的画卷，一切都看似平常，随着男主人按下手中遥控器的一瞬，玻璃隔墙斗转星移般将整个客厅呈现于眼底。"我起初认为的'减压'只是在家具、色彩上的选择，而真正的'减压'竟然是家人为你绽放的笑脸。周末我坐在这里办公，看到孩子在外面嬉戏，一切疲惫都融化在他的笑容之中。"话间，主人不断表露着对设计师的感激之情。

法则二

风格减法
纯粹至简

STYLE SUBTRACTION

❶ **移除额外的元素**

只保留绝对必要的，谨慎增加元素

❷ **简约的配色方案**

使用必要的颜色构建整个视觉体系

采用有梯度的同系色来呈现层次

❸ **大胆地使用留白**

留白让视觉焦点更突出，塑造空间感

❹ **只用一种表现手法**

简洁干练中，注意细节和质感的体现

张泉

东易日盛 设计师

项目名称：初·见

建筑面积：500 m²

生活主张 | 至简主义 至纯生活

珍惜你恰好拥有的

幸福感与房子大小无关，与东西多少无关，幸福只是一种感觉。减少生活中不需要的，或许能得到更多。幸福就在生活日常之中，生活的哲学蕴含在减法设计之中。纯粹至简的家，不仅让生活当下的每一个瞬间都弥足珍贵，也让人对未来有更多的美好期待。

设计见解 | 摒弃繁缛 简练手法

白色的极简主义，代表着一种纯粹、干净、惬意的生活方式。极简主义风格也是一种生活态度，它与减法生活方式的共同之处在于，都是一种对生活品质和对生活中美好事物的追求。抛弃多余的、次要的元素，用最简单的元素、材料、色彩来表达我们所谓的风格，用最直接的方法传递最重要的理念，用最少的表达赋予空间更多的想象，用最简练的方式让每处空间更多地呈现居住者的生活状态，回归"家"的初衷。

生活畅享 | 空间留白 极致品质

完美的线条与大面积的留白，呈现极为震撼的视觉感。空间以白色调为基底，搭配米色的沙发、窗帘、温润的木质家具，无须更多的色彩、更多绚丽的装饰，通过减法的手法，自然光影搭配简约彩度，充分展现空间设计纯粹本质，令整个空间干净、通透、舒服、恰到好处。你可以放松心情，陪伴孩子们自在地休闲嬉戏，享受难得的亲子时光。

为了保留光线的穿透性，客餐厅采用开放式布局，将杂乱的生活细节交给有序、简洁的空间设计来解决。进门的每一处收纳、储物，都沁润着一家人在此生活的情境。一方木桌、一盆绿植、一幅抽象画、一个清新的玄关，让人倍感温馨。

业主是一位德国人，对厨房的要求非常高，设计师将原本一层最大的卧室改成厨房。纯白的厨房区域通过黑色台面进行点缀，简约而富有艺术的气息。岛台的设计模糊了餐、厨的边界，让整个空间共生融合。开放的空间可以烹饪、可以就餐，透过落地窗，即使做饭也可以看到院子里小朋友玩耍的状态。

每一个幸福的家庭，都有一张幸福的餐桌。为符合屋主期望的自然氛围，设计师选用了木质调性风格的餐桌、餐边柜，与个性的灯具搭配，简约中不失利落与美感。不管早、午、晚餐，真正的意义在于每个人的心和胃的熨贴。与家人共度的时光，美味佳肴也因为亲人的一起享用而变得更加美味。

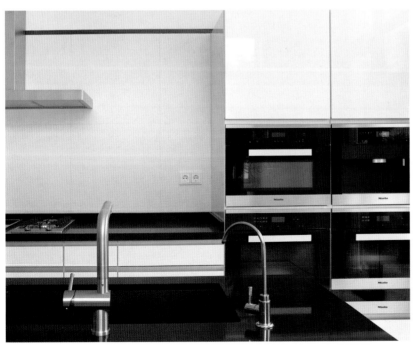

素雅的白色卧室中，木质床头柜与地板相得益彰，让视觉更有层次感。在黑色的艺术画作和手工玻璃花瓶的烘托下，深咖色的储物柜虽无装饰，却呈现沉稳的秩序之美，也使整个空间更多一份品位和质感。

浴室选用了花白色的大理石，带来洁净优雅的空间感受。每一个龙头、卫浴产品，每一块材质、材料，都在极简流畅的线条和细微之处，尽情体现精致的工艺和独特的细节。做减法的极简，不是简单，更不是简陋。而是细节的考究，是匠心独运，更是一种生活的境界。

法则三

色彩减法
心灵简言

COLOR POWER

❶ **情绪的减负**

通过色彩调节人的情绪，自我释放

❷ **心灵的减压**

让色彩化解心理负担，保持身心健康

❸ **疲劳的减缓**

利用色彩缓解视觉疲劳，消除紧张感

王贤概
东易日盛 设计师

案例小区：西象景园

建筑面积：220m²

生活主张 | 纯净减压 生活赋能

家是纯净的白色，净化繁杂的心情；家是彩色，让生活充满斑斓。

幸福的家，是夫妻相濡以沫、孩子健康成长，是平凡生活中发现的一丝惊喜与感动。它是一家人栖居的港湾，它是化解烦恼与苦闷的源泉。

推开房门，爱人用心烹饪菜肴，孩子欢心嬉戏跑闹，化解一切生活的压力与烦恼，投入家人的怀抱，让身心瞬间充满爱与能量。

设计见解 | 纯度色彩 氛围营造

日常生活中，色彩无处不在，人的第一感觉就是视觉，而对视觉影响最大的就是色彩，色彩不仅可以点缀空间，还启迪心灵、缓解紧张情绪、改善抑郁。本案的色彩定位更多考虑到孩子的健康需求，同时满足主人的喜好需求，尽量减少多余杂色，凸显空间时尚感和舒适性的色彩搭配。

整体统一的灰白色色块赋予空间包容、含蓄的纯净度，而充满活力的橘色，温暖而明快，点状的跳跃于沉静的冷调空间，带给人快乐、幸福的富足感。灯光色温的选择同样影响着空间氛围的营造，进而影响居者的身心健康。设计师希望通过对灯的选择和排布，倡导"光健康"的设计理念。色温介于 3000 至 4000K 的灯光给人以舒适、温暖的感觉，同时比较适合儿童的阅读学习。

生活畅享 | 回归沉静 情趣互动

岁月洗去了年少的轻狂桀骜，却留下了开门见山的简单直白。推开家门的那一刻，没有丝毫的遮挡，让人一眼就能望穿的简洁空间，让人忘却工作的疲惫。一层空间通体的雅士白大理石地面，纯净无瑕的白色，镶嵌着纯正的灰色，犹如穿梭在延绵不断云朵间的阳光，令人迷醉。

一个疼爱自己的大男孩，加上两个活泼调皮的小男孩，让女主人心甘情愿地放弃优越的工作，转身成以家庭为中心的贤内助。对于时尚主妇而言，厨房的锅碗瓢盆，柴米油盐不再是生活的桎梏，这里有煎炒烹炸的乐章，这里是绽放光彩的舞台。餐桌与开放式中岛串联一体，既美观实用，又提高了家人间的互动性，三个男人围绕其身边嬉闹，赋予女主人烹饪陪伴的美好。

快乐、健康的成长是男女主人寄予两个孩子最深沉的爱与关怀。二层开放空间，原木色的暖调带着丝丝自然的清新，让人处于宁静、舒缓的情绪之中。走廊处大大的展示书柜旁边预留了一小块活动区域，既可坐下来安静阅读，又可嬉戏玩闹，让孩子们在一动一静中学习、成长。

宁静至简的白与灰奠下了卧室的主调，然而简约并不意味着无味，白色电视墙划分了睡眠区与衣帽区两个部分，墙面镂空的设计让空间充满着"犹抱琵琶半遮面"的情趣。睡眠区顶面灯槽见光不见灯的灯带设计代替光源直射的传统主灯，增加了空间的立体层次感，时尚而前卫。

推动卧室内的移门，私密的卫浴空间显露其中，情绪在开放与封闭间切换，带着二人世界的浪漫乐趣。整体浴室的嵌入式设计将潮湿与开放空间彻底隔绝，同时也便于日常的打理。

法则四

造型减法
寓美于形

CREATE BEAUTIFUL FORM

❶ **减线条**

　　直线运用，强调简洁、明确的形式效果

❷ **减形式**

　　造型特征不宜多，突出视觉整体感

❸ **和谐与平衡**

　　空间各部分比例、尺度恰当，合宜平衡

王冠钦

东易日盛 设计师

项目名称：御道家园

建筑面积：180m²

生活主张 | 归隐都市 平衡心态

简于形，至于美，拥有简而美的生活享受。

选择一个适合的生活方式是极为重要的事。人们试图在城市的繁华与归隐的闲适之间，找到一种平衡之态。房子，亦是一个小小的世界。在家的世界里，留一个静谧又舒适角落，安放自我。阳光，茶香，听风，闻雨，赏花，诗意，逐梦，所有的美好都在空间里缓缓流动。从"简"随心，优雅而生动的中式生活正在回归。

设计见解 | 和谐共生 气质融合

当东方与设计相遇，传统中国文化与现代时尚元素在时间长河里的邂逅，新中式以内敛沉稳的传统文化为出发点，融入现代设计语言，为现代空间注入凝练唯美的中国古典情韵。这并不是对过去的照搬，而是从传承角度来重塑创新，去解决当下的问题。这不是纯粹的元素堆砌，而是化繁为简，通过从简设计，建立时空、自然、人物的和谐关系。材质之间的呼应与衬托、线条之间的交织与平衡、几何形态之间的构成与对比，无多余之笔，却塑造出与众不同的东方气质与意境。

一物一饰一情怀。在悠闲肆意的书房中，做工考究的明式家具俨然是空间的主角，造型典雅，气韵天成。不同于传统的中式家具，在严谨的结构和线条下，座板独具匠心地使用了藤编，让人坐起来更为舒适。沉淀时光，温润当下，可谓是传统风韵与现代舒适感的精妙融合。书房与和室相连，无论是窗前明几前，手捧一书，灯下漫读，亦或是沏一壶香茗，修一份禅静。人与空间、行为、器物在此共衍，随遇而安的惬意，令人不觉沉浸其中，忘却尘嚣。夏夜望月、冬日沐阳、研墨、煮茶，便是人生之境界。

形与色是创造良好的视觉效果和空间形象的重要媒介。用色彩划分电视背景墙区域，中间选用与地面大理石近似灰色，整体感颇强。两侧墙体则为淡雅的米色，不同的色彩搭配，让视觉的焦点更为集中，再以凹凸的对称装饰设计，传递一种秩序、庄重的仪式美。同时，简约对称的黑色线框搭配精巧的壁灯，看似"简净"的造型设计，却令居室更具空间感和时尚感。

利用垭口以及简约模式的博古架进行空间区分，展现整个居室的层次美。在走廊设计上，巧妙地将过道与各个空间的界线打开，既是行走的区域，又与整体空间氛围融为一体，黑白相间，"界而未界"，为空间增添流动的韵律美。

生活畅享 | 尊重传统 理念创新

设计不是为了彰显某一种风格，而是以满足用户需求为初衷。尊重传统，又不固守传统；传承传统，又施之以创新。屋主家庭结构是简单的三口之家，设计师将原来四房变成了三房：两个卧室，一个书房、和室成为共融的空间。从客户的生活方式入手，在满足储藏、收纳、展示的空间基本功能需求外，将无形的"生活理念"浸入有形的设计中，无论是视觉、触感还是使用的质感上，无不诠释出"生活的美学"。

通过现代设计手法，营造干净整洁素雅的空间，素色墙面的装饰，富有层次的吊顶造型和简练的黑线勾勒出雅致诗意的空间。在家具和物品的陈列上，没有多余的造型和装饰，墙面、地面、整个空间的材质都与家具相互呼应。以物为牵引，以空间为承载，传递出一套完整的生活方式，将屋主钟爱的传统明式家具在这样的一个空间里淋漓尽致地演绎。

卧室作为现代人重要的休憩之所，在用色上稳重素净，床头灰蓝色层次感的背景墙，与深色的床与木地板相得益彰，在杏色的墙体环绕下，气质高雅却不清冷，让人不由得放下身心，享受生活的慢节奏。两椅一桌，一抹远山，一点草绿，设计师以简洁、洗练的现代设计语言，营造出一处雅致的小"景"。寓景于室，将主人写意的生活态度自然地流露其间。不张扬，不浮夸，沉稳静谧，宁静致远。

整个浴室空间依然摒弃了烦琐的装饰，突显出空间的质感。墙面含蓄的灰色水泥砖与纯白的洁具搭配，营造出卫浴间沉静、质美的整体风格。地面则是拥有独特造型感的六边形瓷砖，不规律的几何色块铺排，打破周遭同色系的单调感，给低调的空间注入一种微妙的活跃感。

法则五

生活减法
至简人生

LIFE ESSENTIALS IS LOVE

❶ **减少思考与精力的浪费**

　　简化生活流程，提升生活质量

❷ **精减不必要的物品**

　　学会"断舍离"，专注于最重要的事物

❸ **内心需求的减负**

　　适当的行为约束，回归生活的本真

张春云

东易日盛 设计师

案例小区：钟山晶典苑

建筑面积：120m²

生活主张 | 简单纯粹 物质归零

彼此相互陪伴，又各自独立

家，是爱的承载；爱，是家的根本。简单的你我，简单的生活，用无须任何装饰的"简单爱"，筑起两个人的爱巢。去除家中不必要的空间和事物，将精神回归于最本真的状态，一切至简而高效。

设计见解 | 禅学智慧 恰到好处

在生活中，哪些是重要的？哪些是不重要的？对于住宅设计来说，"断舍离"是一种简约的生活态度，回归本真，追寻适合自己的生活方式。克制自己过度装饰的欲望，不给社会带来负担，低碳环保，从生活需求入手，不盲目跟从，打造永恒优雅的居住空间。

设计之初，深入了解居者内心真实的诉求，是让空间发挥到极致的必要环节。如何用恰到好处的设计＋高品质的生活，无形地融入整个房子，以爱来规划家。这是对主人的尊重，更是将他们的爱情理念植入家的文化，让爱有所依附，让家有所期待。每个房间都秉承"什么就是什么"的简单设计原则，以满足日常之美和理想使用感为目标，不过分强调装饰，纯色间的碰撞，把生活与艺术完美结合。

生活畅享 ｜相知相伴 举案齐眉

紧邻天然绿肺紫金山的优越位置，赋予房子"采菊东篱下，悠然见南山"的世外桃源之感，正如男女主人间纯净的爱情。"我的家就要像跟先生的爱一样，简朴无华，厮守终生。"女主人定义着心目中家的样子。"愿得一心人，白首不相离"，从青涩的学生时代，一路相识相知，相伴成长，如今步入婚姻的幸福殿堂，他们的爱，简单而纯粹。

推开房门，阳光从半通透的玻璃隔断穿过，柔和而温暖。俏皮可爱的冰激凌置物台，用于临时放置手机、钥匙，没有多余的玄关设计，空间简洁利落。另一侧墙面设计了整体壁柜，能够大量存放鞋子、行李等日常杂物。镜面与柜门规律地排列组合，满足出门时着装整理的需要，同时延伸着空间的视觉感受。

以浅灰色为主调的客厅空间，贴合着女主人儒雅的教师气质，自带哲学家的沉静与谦和。明黄色钓鱼灯与蓝色脚凳跳跃在灰色之间，没有任何突兀的感觉，恰到好处，交织出律动的爱情旋律。

对于这对不会做饭的90后小夫妻，平时在附近的父母家用餐，周末朋友偶尔光临，互联网的便捷让在家"吃饭"这件事变得不再充满油烟与手足无措。鉴于使用率较低的考虑，厨房仅保留了基础的简餐功能，而餐厅则被设计成属于两个人的空间，两把餐椅、一张双人桌，简单而舒适。

书房长长的桃木色书桌可满足男女主人并排而坐，你在这边准备课件，我在那端开发程序，虽忙碌着各自的工作，却用陪伴诉说最长情的告白。走廊另一端，原先的次卧被改造成为两个人的独处空间，用于放空心灵，同时作为未来出生宝宝的预留空间。

健康的生活源自优质的睡眠，主卧四周内嵌的间接光源，减少了视觉的杂乱，让身体处于专注的睡眠状态。Idealidea 布拉格壁纸清新淡雅的色调，让整个空间散发着自由、纯真与理想，传递着简与爱的内在联系。

光合

光是气氛的魔术师

光是空间幻影的创造者

所有的黑暗都曾属于光

而所有的光都将成为

黑夜里的一束烟花

用点点微光照亮生活

这就是光的宿命

作用
Light

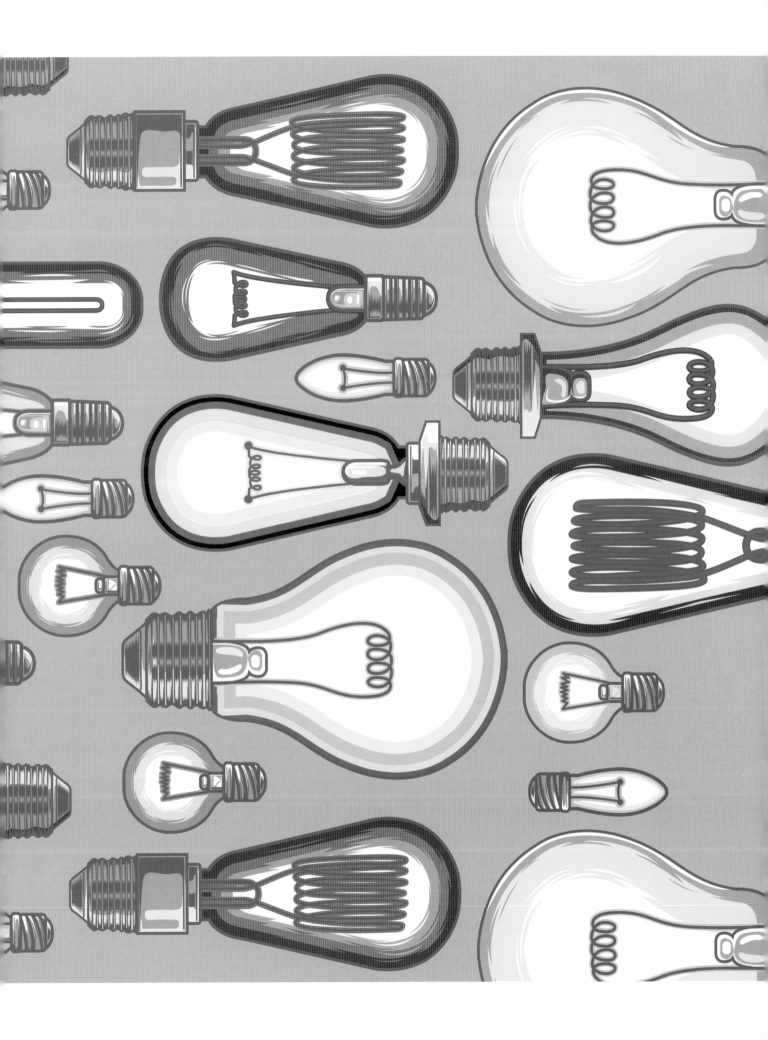

感知，光的力量 LIGHT BRIDGE

光——是创世纪照亮黑暗的那道曙光，让人类勇敢地去面对黑暗与恐惧；是生命之初睁开双眼的那道光亮，为人类开启找寻未知自我的旅程。时间的变化，季节的交替，影响着光的强弱变化，进而使空间产生视觉上的改变，如果说自然界的阳光，是世间万物的开始，那么从火种的获取到灯具的衍化过程，就是人类不断追求光明的有力印证。

光与人类生活有着密不可分的联系，室内照明设计的发展，则让灯与光从最初单纯的照明功能，转向了愈加丰富的精神功能。我们可以通过对灯光的设计，为空间注入主人的印记，烘托氛围，表达情绪，调剂生活的情趣。

室内灯光照明可以利用明与暗的搭配、光与影的组合来创造出人们希望营造的光照环境。然而，在我们追求照明的精神功能之前，首先要对"光"进行科学、全面的了解，搞清楚什么是光的，它从何而来，有哪些特点，会产生怎样的颜色，不同的光在不同空间会有哪些特点等一系列基础问题。

1. 对于灯、空间、人，"光"是什么?

分类	名词	单位	读音	含义
灯泡相关用词	光通量	lm	流明	指人眼所能感觉到的辐射功率，等于单位时间内某一波段的辐射能量和该波段的相对视见率的乘积。由于人眼对不同波长光的相对视见率不同，所以不同波长光的辐射功率相等时，其光通量并不相等
	光效	lm/W	流明 / 瓦	每消耗电力所通过的光通量，数值越高，约可以用较少的电力获得较高的亮度
	色温	K	开尔文	代表光色。数值越低光色越接近暖色，数值越高越接近白色，更高则近似蓝白色
	显色指数	Ra	—	表示物体的颜色看上去的好坏。100 为最高值，越接近 100，则颜色的再现性越高
灯具相关用词	灯具效率	%	百分比	灯具本身发出的光通量占灯泡整体的光通量的比例。灯泡的光效越高，以及灯具的光效越高，越能用较少的能源获得较明亮的效果
	配光曲线	—	—	灯泡或灯具发出光源的方式。通常代表向各个方向发出的光的强度（光度）
空间相关用词	光照度	lx	勒克斯	光照射的面的单位面积（㎡）的亮度（lm/ ㎡）
	辉度	cd/ ㎡	坎德拉 / 平方米	从照射面反射到人眼的光通量。用来表示空间的亮度
	照明率	%	百分比	光源发出的光到达照射面的比例。根据房屋形状或饰面的反射系数、灯具的配光等计算得出
其他	眩光	—	—	在视野内由于亮度的分布或范围不适宜，或者在空间上或时间上存在着极端的亮度对比，以致引起不舒适和降低目标可见度的视觉状况
	频闪效应	—	—	在以一定频率变化的光线照射下，观察到的物体运动呈现出静止或不同于其实际运动状态的现象

2. 不同的灯具有哪些用途及特点?

安装方式			灯具	用途特点
天花板	直接安装	1	吸顶灯	灯具本身发光的类型,从小型灯到大型灯种类丰富,希望房间整体被均匀照亮时使用
		2	射灯	光线的照射范围和方向都容易调节,也容易变换位置,需要照射某个家具或让部分空间更明亮时使用,也可以安装在墙上使用
	埋入方式	3	筒灯	大部分灯具的背面藏在天花板里,无论何种的设计风格都合适。除了照亮房间整体的种类以外,也有照射墙面的筒灯等,配光种类也很丰富
		4	可调筒灯	用途与射灯类似,但多用于不想突出灯具本身时。与射灯相比,照射方向受限较大
墙壁	吊下方式	5	吊灯	材料、形状等方面的设计以及光线照射方式都很丰富,不少是直接挂在吸顶部分,用在餐桌或竖井上方作为装饰
		6	枝形吊灯	灯具本身造型突出,可以打造豪华氛围,有直接安装类型和吊下安装类型,可以根据不同天花板高度分别选用
	直接附加型	7	壁灯	直接安装在墙壁上,材料、形状、配光的种类很丰富,与安装在天花板上的灯具相比维修更方便
	嵌入型	8	脚灯	埋在墙内,主要安装在照亮脚边等局部位置,多用于走廊灯或夜里去往卫生间时的长明灯
		9	射顶灯	可以忽略灯具本身的存在,用于天花板的间接照明,用于天花板较高的室内,增加室内的开放感
放置式		10	台灯	非固定式,只要附近有电源就可以自由移动,设计、材料、配光等种类丰富。需注意不要让电线绊脚,注意电源位置
		11	落地灯	
内置式		12	建筑化照明	将照明与内装修或家具成为一体的照明手法,感觉不到灯具的存在,却能获得照射天花板或墙面的光线,可以制造出有个性的氛围
插入式		13	花园立灯	作为庭院里的照明使用,除保证夜间行走,也具有诱导效果。安装在绿植中间,具有缓和绿色阴影的效果
		14	花园射灯	选择节日或固定时间段打开灯,以装饰庭院夜景。有的种类采用专用的室外电源安装

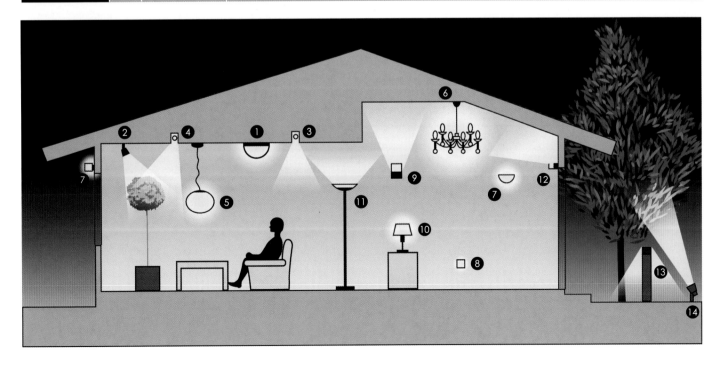

3. 顶面基础照明，有哪些灯具种类?

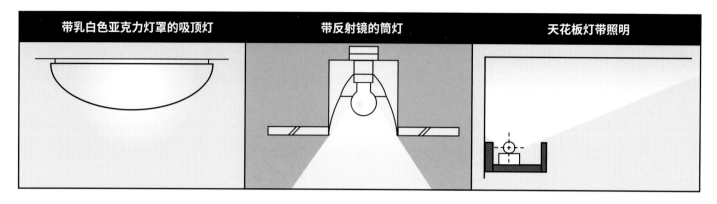

带乳白色亚克力灯罩的吸顶灯	带反射镜的筒灯	天花板灯带照明

4. 不同外形筒灯的功能有哪些?

种类	带反射镜垂直型	带反射镜扁口型	带反射镜灯泡用	带隔板	带外盖
外形图					
特征用途	使用普通灯泡、迷你氪灯灯泡、灯泡式荧光灯、小型荧光灯等时，反射镜可以帮助灯泡有效地发光 用在希望保障房间全体照明时，而不是用在希望聚光时 垂直型与扁口型用在天花板不太厚的地方。即使光源、瓦数相同，因反射镜性能不同，垂直向下的光线也不同，需要确认配光数据 使用保温材料的天花板要根据保温材料选用 SB 型（吹制）、SG 型（铺设）或 SGI 型（高气密铺设） 有些筒灯专用于倾斜的天花板，需要确认配光与安装角度	反射灯泡、聚光灯泡、带二向色反射镜卤素灯泡等，用于带反射镜灯泡的筒灯 根据灯泡本身的配光，可以选择不同的散光范围 口径小，可用在博古架等聚光照射	灯筒上方接有一棱一棱的隔板，可缓和刺眼程度 灯筒和隔板的颜色有黑白两色，白色可以与天花板融为一体，黑色可以让光线更加柔和 有浅口型、保温施工用，带反射镜型等，种类丰富	用在房檐下（防滴型）或浴室中（防湿型）较多，因为带盖，发光效率也有所下降 外盖有透明的和乳白色的，乳白色的光线虽然柔和，垂直向下的光线较弱 灯筒为木制且形状是方形的，乳白色盖的光线更加柔和，一般在和室内使用

5. 灯带有哪些设计重点?

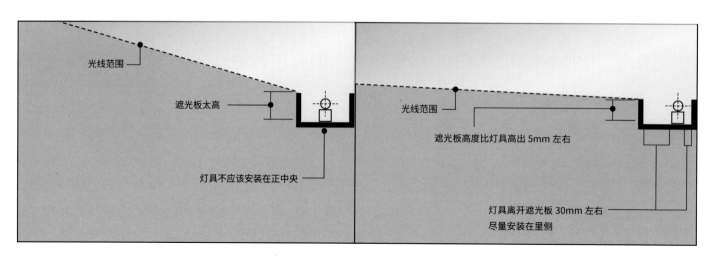

6. 不同的灯具有哪些照明效果?

配光	垂直面配光曲线	光通量比例 上	光通量比例 下	筒灯 / 射灯	吸顶灯	吊灯	壁灯	立灯	照明效果
直接型		0	100						可有效照亮地面及工作面,天花板面看上去较暗,与半间接性壁灯或间接照明组合更好
半直接型		10	90						不仅可有效照亮地面及工作面,还能同时柔和照射天花板面。可以配合采用一些照射来点缀绘画或装饰品等的光源
整体扩散		40	60						可以照亮空间整体,需要照亮工作面时,可以与直接照明类型的筒灯或射灯组合使用
直/间接型		60	40						上下都放射出光线,1台灯具可以获得直接与间接两种照明效果。横向照射的光线少,没有刺眼光芒,对眼睛有保护作用
半间接型		90	10						
间接型		100	0						用在天花板较高的空间里可以提升室内开放感,物体不产生阴影,难以表现立体感,与直接型的筒灯或射灯组合使用效果更好

7. 不同的配光方式会产生怎样的效果?

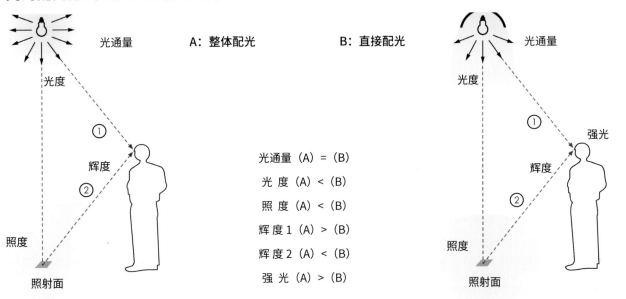

A: 整体配光   B: 直接配光

光通量 (A) = (B)
光 度 (A) < (B)
照 度 (A) < (B)
辉度1 (A) > (B)
辉度2 (A) < (B)
强 光 (A) > (B)

注: 光度或辉度根据不同的看光位置数值不同

8. 不同的光源有哪些光色种类?

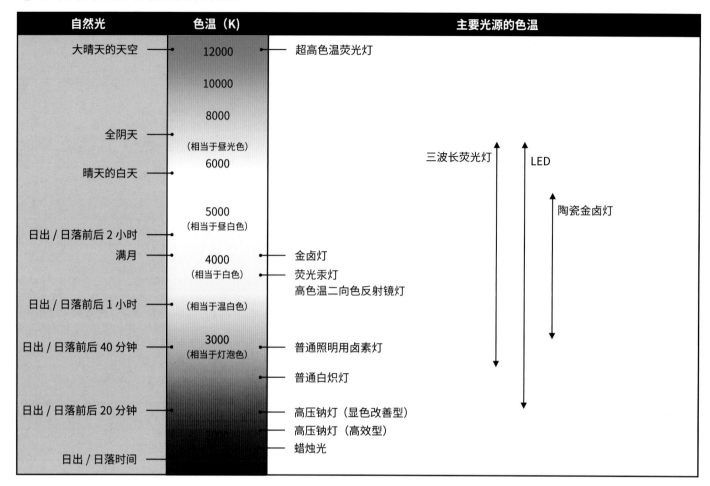

自然光	色温（K）	主要光源的色温
大晴天的天空	12000	超高色温荧光灯
	10000	
	8000	
全阴天	（相当于昼光色）	
晴天的白天	6000	
	5000（相当于昼白色）	
日出 / 日落前后 2 小时		
满月	4000（相当于白色）	金卤灯 / 荧光汞灯 / 高色温二向色反射镜灯
日出 / 日落前后 1 小时	（相当于温白色）	
日出 / 日落前后 40 分钟	3000（相当于灯泡色）	普通照明用卤素灯
		普通白炽灯
日出 / 日落前后 20 分钟		高压钠灯（显色改善型） / 高压钠灯（高效型）
日出 / 日落时间		蜡烛光

三波长荧光灯　　LED　　陶瓷金卤灯

9. 不同的功能空间，需要匹配怎样的光色?

功能区	餐厅	客厅		卧室	儿童房 / 书房	厨房 / 卫生间 / 阳台
适宜用光	暖光	主灯：暖白	氛围灯：暖光	暖白或暖光	暖白光	冷白
推荐色温	2500—4000K	4000—4700K	2500—3300K	2500—4000K	4000—4700K	5000—6500K
效果	增添食色	明亮不刺眼	营造气氛	制造温馨感	保护视力，明亮柔和	光亮锐利，便于作业

暖光：2300K—3300K　　暖白：3800K—4700K　　冷白：5500K—6500K

关于家庭照明的色温参考范围，大致分为以下几个区域：

餐厅：适合用暖色光，色温 2500—4000K，无形中增添了食色，更有食欲；

客厅：主灯照明一般采用暖白光 4000—4700K，达到光线明亮但不刺眼的效果；氛围灯宜用暖光，2500—3300K；

卧室：宜用暖光或暖白光，制造房间的温馨感；

儿童房和书房：宜用暖白光，保护视力、明亮柔和兼具；

厨房、卫生间、阳台：宜用冷白光，5000—6500K，看东西轮廓明显，方便取物作业。

10. 不同的功能空间，有哪些照度需求及功能特点？

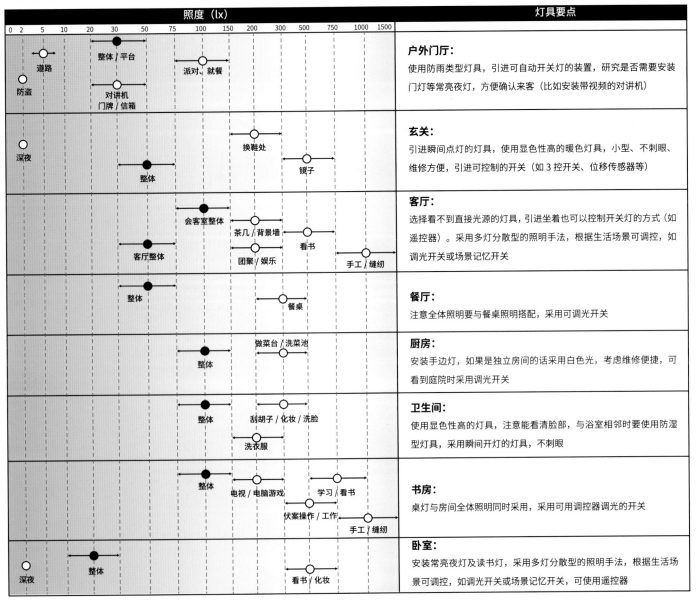

| 照度（lx） | 灯具要点 |

户外门厅：
使用防雨类型灯具，引进可自动开关灯的装置，研究是否需要安装门灯等常亮夜灯，方便确认来客（比如安装带视频的对讲机）

玄关：
引进瞬间点灯的灯具，使用显色性高的暖色灯具，小型、不刺眼、维修方便，引进可控制的开关（如3控开关、位移传感器等）

客厅：
选择看不到直接光源的灯具，引进坐着也可以控制开关灯的方式（如遥控器）。采用多灯分散型的照明手法，根据生活场景可调控，如调光开关或场景记忆开关

餐厅：
注意全体照明要与餐桌照明搭配，采用可调光开关

厨房：
安装手边灯，如果是独立房间的话采用白色光，考虑维修便捷，可看到庭院时采用调光开关

卫生间：
使用显色性高的灯具，注意能看清脸部，与浴室相邻时要使用防湿型灯具，采用瞬间开灯的灯具，不刺眼

书房：
桌灯与房间全体照明同时采用，采用可用调控器调光的开关

卧室：
安装常亮夜灯及读书灯，采用多灯分散型的照明手法，根据生活场景可调控，如调光开关或场景记忆开关，可使用遥控器

国内外居住建筑照度标准值比较（单位：lx）						
房间或场所		中国		美国	日本	英国	澳大利亚
		新标准 GB 50034—2004	原标准 GBJ133—1990	IESNA—2000	JLSZ9110—1979	1984年	1976年
客厅	一般活动	100	20—30—50（一般）150—200—300（阅读）	300（偶尔阅读）500（认真阅读）	30—75（一般）150—300（重点）	50（一般）150（短时）300（阅读）	300
	书写、阅读	300*					
卧室	一般活动	75	75—100—150（床头阅读）200—300—500（精细作业）	300（偶尔阅读）500（认真阅读）	10—30（一般）300—750（阅读、化妆）	150—300	300
	书写、阅读	150*					
餐厅		150	20—30—50	50	50—100（一般）200—500（餐桌）	—	—
厨房	一般活动	100	20—30—50	300（一般）500（困难）	50—100（一般）200—500（烹调、水槽）	300	—
	操作台	150*					
卫生间		100	10—15—20	300	75—100（一般）200—500（洗脸、化妆）	100	200

* 宜用混合照明

光线在家中不同空间的感受，就好比我们人体不同的感官体验（视觉、听觉、嗅觉、味觉和触觉），有些温暖、有些芳香……因此每个空间对于照明都有着各自不同的需求和呈现，如灯具的选择、安装的方式、照度的高低、功能的匹配等。

1. 玄关 | 暖光照明带来的温馨感与礼仪感

室外玄关是访客对一个家庭产生第一印象的地点，重要性自不必多言，最好用照明让人感受到温暖又亲切的气氛。入户门外的照明，同时也必须具备防盗功能。一般会在门的两侧或单侧的墙壁装上壁灯。如果有可能受到下雨的影响，则必须选择防雨、防滴型的器具。另外，有时会在屋檐下方装设筒灯，但光线会让脚部的亮度不足，建议和壁灯一起使用。

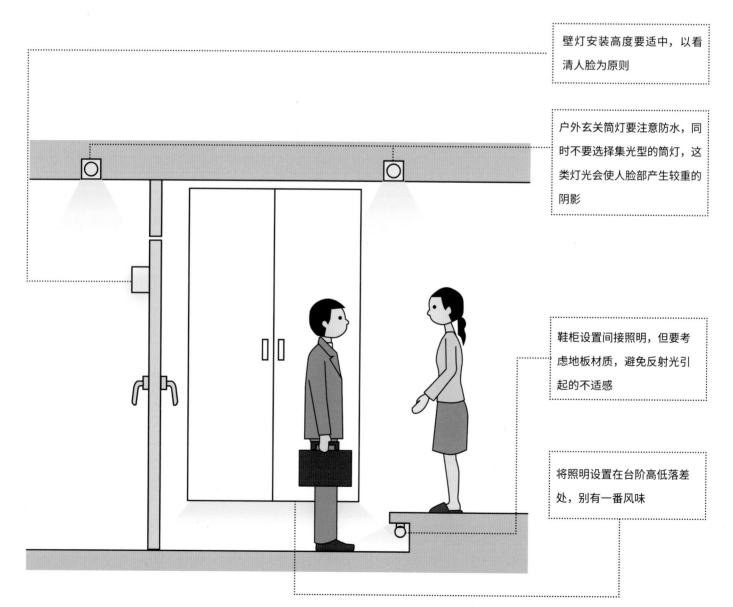

壁灯安装高度要适中，以看清人脸为原则

户外玄关筒灯要注意防水，同时不要选择集光型的筒灯，这类灯光会使人脸部产生较重的阴影

鞋柜设置间接照明，但要考虑地板材质，避免反射光引起的不适感

将照明设置在台阶高低落差处，别有一番风味

筒灯照明

对于开门即客厅的家庭，玄关上方的筒灯能够照亮整个通道，简单而直接

灯带照明

鞋柜下方灯带照明如同星光大道，延伸视觉焦点，将宾客引至客厅

装饰照明

富于礼仪感的玄关，可通过吊灯、筒灯和壁灯相结合的形式，烘托空间的仪式感

2. 走廊 | 功能照明带来的安全感

走廊最需要重视的是行走时的安全性。根据日本工业标准规定的照度标准，走廊必须拥有 30—75 lx 的照度。从这个规定可看出，走廊所需要的亮度其实不高。但除了必须具备长明灯让人可以看到走廊的尽头以外，还得让人在夜晚去厕所时，活动起来没有任何的不安，且不会亮到让人失去睡意，因此建议使用 5 W 左右的脚边照明。

在基本照明中，原则上会使用筒灯或壁灯。把光打在正面的墙壁上，可以降低空间的闭塞感。深夜时一般不亮，装设间隔为 1800—2000mm

在沿着卧室到厕所的动线装上脚灯。装设位置的标准为地板往上约 300mm。夜晚只将脚灯点亮，可以让人安全地上卫生间，又不会因为太亮而完全醒过来

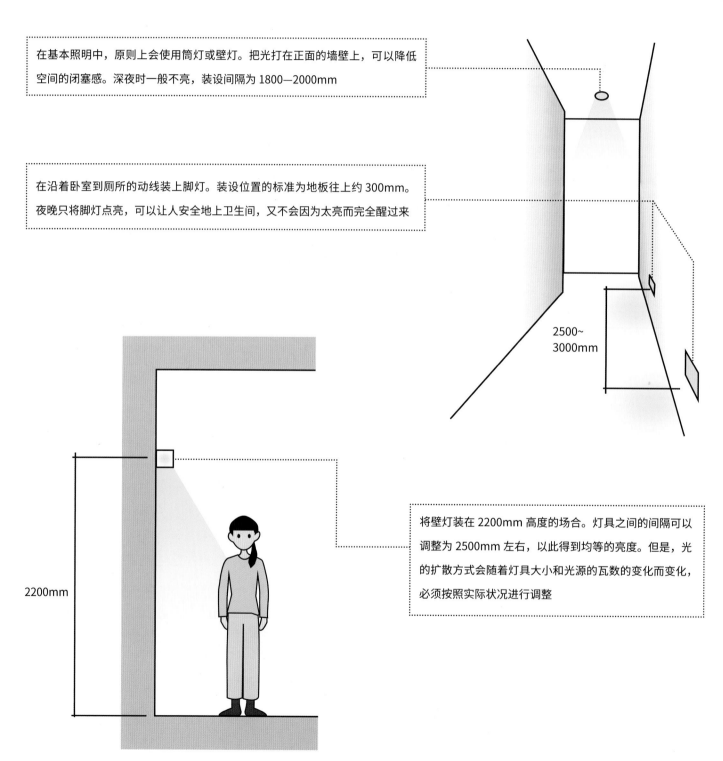

2500~
3000mm

2200mm

将壁灯装在 2200mm 高度的场合。灯具之间的间隔可以调整为 2500mm 左右，以此得到均等的亮度。但是，光的扩散方式会随着灯具大小和光源的瓦数的变化而变化，必须按照实际状况进行调整

灯带照明

墙面灯带充满见光不见灯的时尚感，解决了走廊通道
光线昏暗的问题

装饰照明

走廊端景的装饰灯具为空间注入主人的独特气质，同
时具备夜间辅助照明的功能

辅助照明

喜爱阅读的家庭可以在走廊设计一整面书架墙，内
嵌照明方便书籍的查找，也照亮了走廊

3. 客厅和餐厅 | 多层次照明带来的氛围感

客厅、餐厅是家庭团聚的场所，但有时也会用来款待客人。像这样事先已经得知会有不同用途的场所，必须以多功能的使用目的为前提来进行设计，建议使用可以让空间产生变化的多灯分散的手法。

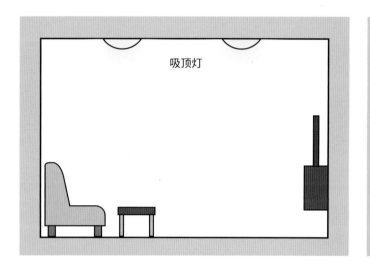

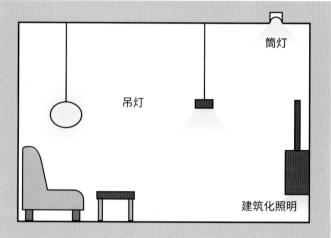

传统地使用天花板灯的 1 房 1 灯所呈现出来的感觉，室内亮度均等，形成普通但没有特色的气氛。将照明器具装在各种高度和场所，与 1 房 1 灯相比，空间的立体感更为明显。另外，还可以按照用途来选择具体的灯具开关方式。墙壁和桌子上方等，从各种高度来照亮特定的空间。多灯分散的场合，可以通过调光的组合来实现多元的展示手法。

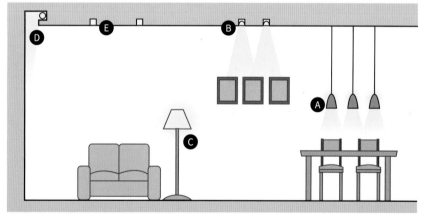

晚餐时

A 餐桌上的吊灯 100%

B 照射墙壁的筒灯 80%

C 地面灯 50%

D 墙壁面的间接照明 80%

E 基本筒灯 0%—20%

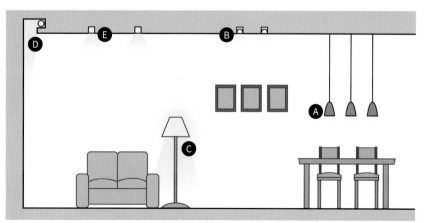

团聚时

A 餐桌上的吊灯 0%—20%

B 照射墙壁的筒灯 30%

C 地面灯 80%—100%

D 墙壁面的间接照明 80%

E 基本筒灯 20%—100%

灯带照明

灯带为整个餐厅营造出温暖的聚合感，吊灯直射的灯光让菜肴更加秀色可餐

装饰照明

特殊的日子里，只打开餐桌四周的装饰灯，光线幽暗而神秘，充满浪漫的生活情调

组合照明

墙、顶、地不同灯具的搭配组合，立体的灯光氛围提升着客厅的空间感

4. 厨房 | 分区照明带来的便捷感

厨房的照明基本上会用整体照明与局部照明来进行组合。局部照明一般会设置在操作台上方，吊挂式橱柜的底部装上厨房专用灯，考虑到刺眼与清洁等因素，最好选择附带亚克力遮罩的灯具。

为了在做饭的过程中进行较细致的作业，料理台必须有 300—500 lx 的照度。照亮整个厨房的整体照明，则可以选择筒灯。筒灯的间隔一般会与走廊或客厅相同，但考虑到厨房内餐具等琐碎的物品，建议可以追加一盏额外的筒灯。

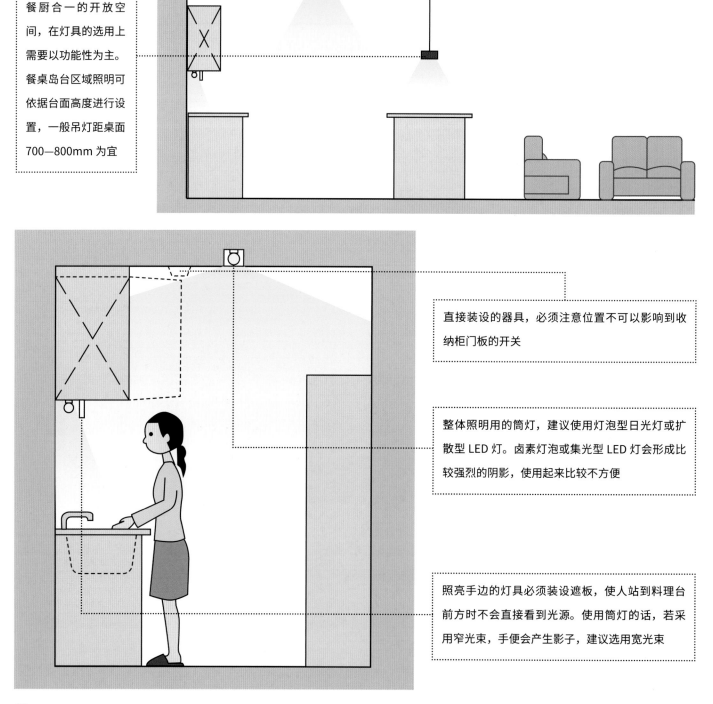

餐厨合一的开放空间，在灯具的选用上需要以功能性为主。餐桌岛台区域照明可依据台面高度进行设置，一般吊灯距桌面 700—800mm 为宜

直接装设的器具，必须注意位置不可以影响到收纳柜门板的开关

整体照明用的筒灯，建议使用灯泡型日光灯或扩散型 LED 灯。卤素灯泡或集光型 LED 灯会形成比较强烈的阴影，使用起来比较不方便

照亮手边的灯具必须装设遮板，使人站到料理台前方时不会直接看到光源。使用筒灯的话，若采用窄光束，手便会产生影子，建议选用宽光束

操作台照明
内装灯具，覆半透明遮罩，操作视野清晰无眩光

岛台照明
台面较长的岛台，可用多组吊灯保证光照均匀而充足

操作区照明
水盆上方照明，便于洗涮操作

基础照明
吊顶灯带，不影响柜门开关，与其他房间风格统一

5. 卧室|辅助照明带来的舒适感

卧室环境的舒适度会对睡眠质量起到很大的影响作用，而灯光照明对舒适睡眠氛围的营造更是至关重要的。所有的光源设置都需要服务于"休息"这一主题，多组、多功能的辅助照明取代了传统的单灯整体照明方式，帮助主人以最轻松的姿态快速入眠。

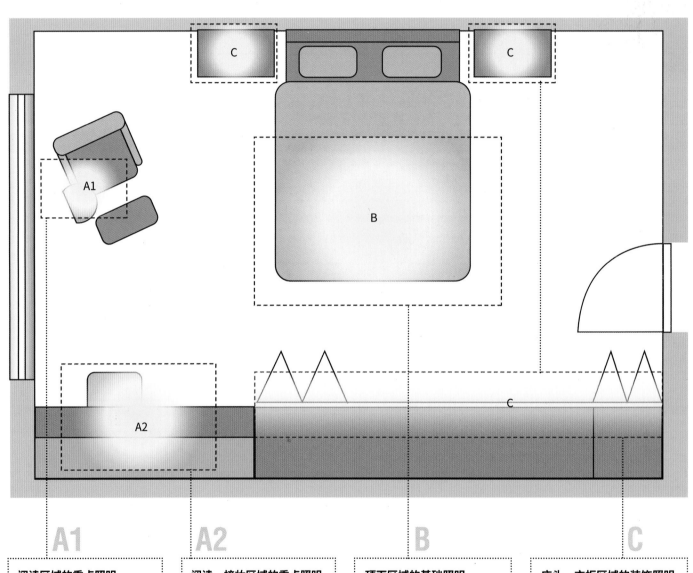

A1

阅读区域的重点照明

临窗的沙发阅读区，与照明灯具搭配设置，白天利用自然光线，晚间则可使用重点照明来满足阅读

A2

阅读、梳妆区域的重点照明

写字台或梳妆台的照明强调光线的聚焦，可调节高度及亮度的台灯更加便于操作使用

B

顶面区域的基础照明

一般会使用扩散光型的天花板灯或筒灯

C

床头、衣柜区域的装饰照明

使用间接照明的场合，光源可以选择 LED 灯或日光灯。若是使用台灯，光源则是灯泡色 LED 灯。可以进行调光，增加生活上的便利性

床头壁灯

解放更多床头柜空间，告别物品无处安放的烦恼

顶面灯带

与主灯作为基础照明，暖色光可使卧室惬意而舒适

落地灯

温润的光线，让爱人间的秉烛夜谈变成了另一种浪漫

书桌台灯

在使用时注意摆放角度，避免处于眼睛可直视的范围

6. 化妆间和浴室 | 装饰照明带来的享受感

一边洗澡，一边听音乐或看电视，已经不再是罕见的行为。配合这股风潮，浴室照明不再只是照亮空间的乳白色玻璃球，开始出现高性能防水投射灯等装饰性较强的款式。

另外，则是洗脸台、浴室所不可缺少的镜子。为了让镜子内的形象更加美丽，一般会在镜子周围装上低瓦数的雾面白炽灯泡，但这样视觉上会给人比较拥挤的印象，整理头发的时候看起来也不理想。建议可以在镜子左右装上壁灯，这样脸部不容易形成不自然的阴影。

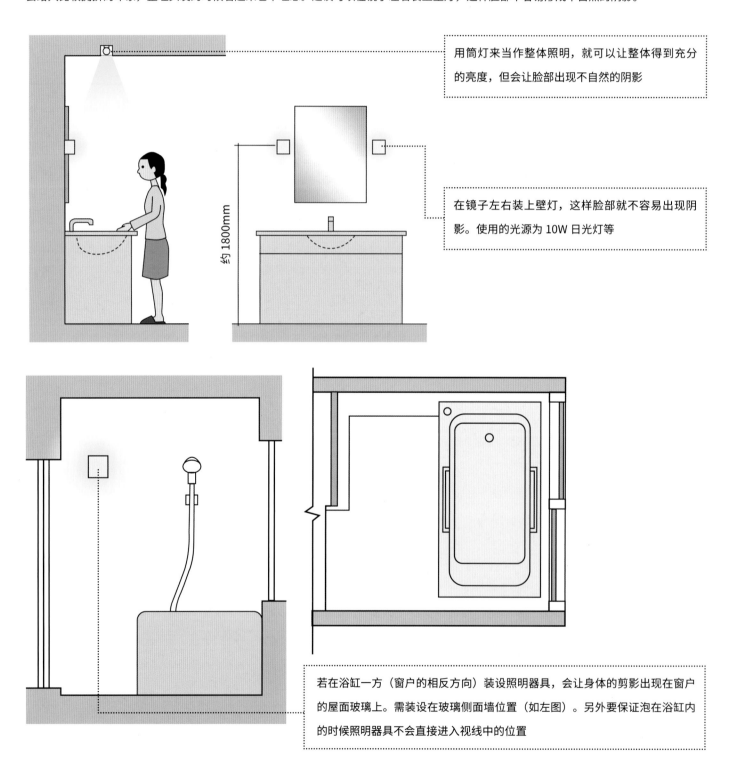

用筒灯来当作整体照明，就可以让整体得到充分的亮度，但会让脸部出现不自然的阴影

在镜子左右装上壁灯，这样脸部就不容易出现阴影。使用的光源为 10W 日光灯等

约1800mm

若在浴缸一方（窗户的相反方向）装设照明器具，会让身体的剪影出现在窗户的屋面玻璃上。需装设在玻璃侧面墙位置（如左图）。另外要保证泡在浴缸内的时候照明器具不会直接进入视线中的位置

顶灯

卫浴间顶灯的位置需要根据空间面积的大小进行调整，小空间可设置于房间中央的位置，大面积空间则可划分功能区域，采用点布光源的照明方式

镜灯

在镜前灯的选择上，LED 灯带因其体积小、能耗低且寿命长的特点受到越来越多的青睐，既可安装于镜前，直接面部照明，又可嵌入灯槽，成为辅助及装饰照明

装饰灯

对于追求品质感的时尚人士，卫浴间的装饰光源也是必不可少的，多维度光源营造出的光影效果，提升空间的层次感

7. 门和庭院 | 重点照明带来的聚焦感

庭院则是依照大小来改变照明的。若庭院较窄，可以选择高度 1000 mm 以下的低高度庭院灯，灯具数量为 1—2 盏。若是较为宽广的庭院，则使用成组的室外用投射灯，通过照明让树木或雕刻等装饰品可以被突显出来。

除了部分安保用的照明之外，访客来探访欣赏庭院的时候，最好将照明全都点亮。

照亮树木等物体时，如果照明角度太大，会找到隔壁邻居的窗户，要多加注意

门柱灯要选择不会看到光源的类型，来降低刺眼的感觉。若是前方道路较窄、往来的人数较多，则不可以使用玻璃制的灯具，以免因为行人撞到而破裂

以 2000mm 左右的间隔装设成组的灯具

光源最好使用灯泡型日光灯或 LED 灯等寿命较长的类型

照片中的庭院，走在过道时可以获得良好的展示效果。因此，在墙上以大约 1000mm 的间隔装设埋入式往上照明的灯具，让庭院和建筑获得统一感

室外埋入型脚灯……

建筑化照明   庭院灯

照明是个比较大的话题，光分门别类的就不下 10 余种，仅家装里涉猎的就有电气照明节能设计、建筑电气设计、建筑供电照明、灯具控制与安装……这类技术性的话题一次说完或逐项说透也不是一时能够办到的，但一个和舒适度、健康有关的照明话题，却需要在家装这个行业的大环境下进行普及并引起重视，即照明中的眩光话题。

浅谈设计中的眩光类型与治理

1. 眩光污染的分类

按眩光污染对人的心理和生理的影响程度分为两类。一般室内的照明设计不会触及失能眩光。对室内环境来说，控制不舒适眩光更为重要，只要将不舒适眩光控制在允许限度以内，失能眩光也就消除了。

姜思伟 东易日盛技术总工程师

不舒适眩光

指在视野内使人的眼睛有不舒适感受的眩光，但并不一定降低对视觉对象的可见度，这种眩光也被称为心理眩光；如电视墙一侧的壁灯、上方的筒灯、射灯。

失能眩光

指在视野内使人的视觉功能有所降低的眩光，这是一种会降低视觉对象的可见度，但不一定产生不舒适感觉的眩光，失能眩光对人的眼睛的影响主要是可见度降低。

2. 眩光的种类：眩光污染按形成的机理可分为四类

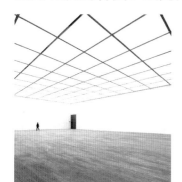

直接眩光

靠近视野方向存在的发光体产生的眩光叫直接眩光，在建筑环境中常遇到大玻璃窗、发光天棚等大面积光源，这些光源过亮时就会产生直接眩光的光源。

干扰眩光 / 间接眩光

当不观看物体的方向存在发光体时，由该发光引起的眩光。（装饰作用或刻意提高某区域效果的光源，如客厅电视墙相邻两侧墙体或顶面设计的突出部分或家具软饰的光源）

杂散眩光

夜间通过直射或反射进入户内的照明灯光，其光强可能超过人体夜间休息时的范围，从而影响睡眠质量，导致神经失调引起的头晕目眩、困倦乏力，影响正常生活（如：别墅庭院的景观灯、外墙效果灯、路灯等）。当路灯临近卧室临边窗时，卧室的布局即需要客观分析后进行安排。

对比眩光

环境亮度与光源亮度之差越大，亮度对比就越大，对比眩光就越容易形成。在视野中亮度不均匀，会感到不舒适，环境亮度变暗或变亮，都会引起眼睛的适应问题和心理问题。如客厅光源的数量、间距（间隔）设置、客厅与通向卧室的过道区域的光源衔接设置。

反射眩光

由视野中的反射所引起的眩光，特别是在靠近视线方向看见反射像所产生的眩光，按反射次数的形成眩光的机理，反射眩光可分为一次反射眩光、二次反射眩光和光幕眩光。

a. 一次反射眩光

较强的光线投射到被观看的物体上，由于目标物体的表面光滑产生反射而形成的镜面反射。如：墙地砖反射的照明光源。

b. 二次反射眩光

室内其他物体的亮度高于被观看目标的表面亮度，而它们的反射形象又刚好进入视线内，这时人眼就会在画面上看到其他物体的反射形象，从而无法看清目标。如：水下照明、展览照明。

c. 光幕眩光 / 光帷眩光

视觉对象的镜面反射使视觉对象的对比降低，难以看清物体的细部。如：镜面或玻璃的书桌材质造成的反射；台灯摆放没有经过设计考虑、设置不当，在阅读和书写时易产生阴影，引发视觉疲劳。尤其是儿童在阅读和书写时为了避免眩光带来的不舒适感而影响坐姿，造成身体疲劳影响健康。

眩光指数	炫光感受程度
>28	太强
28	不能忍受，开始感到太强
22	开始感到不舒适
16	可以接受，开始注意
10	刚好看得出，开始有感觉
<10	没有感觉

3. 眩光的危害

室外强光源使人难以入睡、室内眩光会影响视见度、道路照明中的眩光，可能造成交通事故。

◀ 眩光指数与不舒服眩光感觉程度的关系

4. 家装设计中对眩光的处理

4.1 降低灯具的表面亮度，灯罩采用磨砂玻璃或漫射玻璃

不同外吊灯特征

   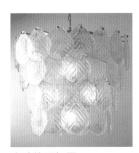 

全透明玻璃灯罩	镂空装饰灯罩	乳白色磨砂灯罩	磨砂纹理灯罩	部分透光灯罩
光效最大化	装饰性强，遮挡部分光线	光线通透柔和	漫射光视觉更舒适	需补充整体照明

感觉到光的存在 ←————————————————————→ 不刺眼，感觉不到光的存在

不同外形筒灯特征

种类	玻璃筒	白色隔板	镜面反射镜	黑色隔板	亚光反射镜	圆孔	无筒
外形							
特征	希望突出装饰效果时使用	没有点灯时看上去比较自然	没有点灯时看上去发暗	考虑与天花板颜色是否匹配	反色镜看不到反射光	希望散光时效果较差	要求施工精准度较高

感觉到光的存在 ←————————————————————→ 不刺眼，感觉不到光的存在

4.2 设定灯具的悬挂高度和角度，照明灯具安装越高，产生的眩光可能性越小，灯具安装在使用区域的正前上方 45°以外区域，保证视线范围内无明装灯源（如以人体坐姿时，眼睛直视前方的状态下，客厅沙发上方与顶面标高的夹角为 45°）

4.3 合理的亮度分布，通过照明设计软件的计算，合理分布照明器具，为提高顶棚和墙的亮度，可选择较高反射比的装饰材料，如明亮色调的墙漆涂料或壁纸。
注：对于眩光的限制不是越小越好，只要达到相应条件的眩光限制值标准，就能满足设计要求，否则会增加投资，室内外的照明产生的眩光需要改进，实现目标的主动权掌握在设计者的手中。

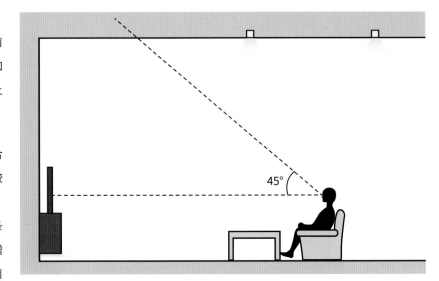

照明电气设计常见问题

卫生间照明导管及点位设计的原则?

卫生间的灯具位置不应安装在 0、1 区内及上方,所以卫生间的照明设计及点位布置不会选择 0、1 区域。

说明:在此区域安装的灯具应采用防雾、防潮灯具。

注释:0 区为用水区,1 区为用水边缘,用水区为浴缸时,相邻用水区边缘的 600mm 区域内为 2 区;

用水区为淋浴时,相邻用水区边缘的 1200mm 区域内为 2 区。

我们是如何考虑老年人无障碍电气设计的?

标准参照:

> 05SDX006《民用建筑工程设计常见问题分析》(电气专业)
>
> 3-27. 城市道路和建筑物无障碍设施规范 JGJ50—2001 7.12.8

电气设计应符合

1. 户内门厅、通道、卧室应设双控照明开关

2. 电气照明开关高度宜为 0.90—1.10m

3. 起居室、卧室插座高度宜为 0.40m,厨房、卫生间插座高度宜为 0.70—0.80m

4. 电器、天线和电话插座高度应为 0.40—0.50m

照明设计时,我们都会如何考虑节能问题?

标准参照:

> 06DX008-1《电气照明节能设计》
>
> 《建筑照明设计标准》GB50034—2004 6.1

根据照明功率密度值规定进行 LPD(照明功率密度)的计算,即 **w/m^2(由灯具厂家通过软件完成计算)

说明:有的设计师不进行照度计算,运用标准规定的 LPD 限值来代替照度计算并确定灯数是不正确的,违背了节能的原则。

照明设计中,我们如何设置灯具回路?

标准参照:

> JGJ/T16—2008《民用建筑电气设计规范》 10.7.9

照明系统中的每一单相回路,不宜超过 16A,灯具为单独回路时数量不宜超过 25 个

影音房在启用时照明照度我们借鉴什么标准?

标准参照:

> JGJ58—2008《电影院建筑设计规范》 7.3.2

A: 观众厅内的地面最低水平照度不应低于 1.0lx,家居设计师协调影音商、灯具商、装修设计提供计算值

Q: 我们如何在保质的同时,降低电器预算?

标准参照:

> GB50034—2013《建筑照明设计标准》 7.2.11

照明分支线路应采用铜芯绝缘电线,分支线截面积不应小于 1.5mm^2

居家

无论我们走到哪里

总有根连接大地的线

那是对家的依恋

无论时代怎样变化

"家"始终是中国人

磨灭不掉的印记

是中国人心中最深处的根

文化
Culture

中国人的"家文化"

家既是物理维度的存在，也是我们直面内心的空间。在中国家文化观念中，"家"的地位和意义超越了个体，在人生中甚至具有"根"的意义。于中国人来说，家是最为重要的生活元素。让我们向历史学习，向传统致敬，传承中国"家文化"，体味家宅之道的初衷。

倾听文化的回音，感知生活空间，探寻房子的人与事，顺着中国汉字文脉寻找"筑家"之道。

东易日盛再次引领行业潮流，将国学、生活方式、家居、文化有机结合，全力推出"家文化"主题活动。引入于丹教授"家文化"的精辟理论，将家文化、茶文化、国学文化带入到我们的日常生活当中。这是"国学"与"家装"的智慧交汇碰撞，更是让中国传统文化在现代空间里得到具体的映照。在传承和弘扬中国传统文化道路上，东易一直未变。东易也将不忘初衷，继续以推动中国传统文化发展为己任，把家文化带到更多人的"家"中，虔诚地服务客户、打造国人千万幸福。

《于丹·字解人生》——探寻深藏在汉字里的"家"道

东易日盛不仅关注业主家居空间之美，更加在乎"家文化"的传承，因为它是真正环绕在普通大众周围的文化。那么，怎样能够找到家庭幸福和睦的那些相似的规律？怎样让房子里的日子过得再好一点呢？我们在《于丹字解人生》"字"里行间找到了"家道文化"的传承。于丹教授既是中国著名文化学者，北京师范大学教授、博士生导师，也是中国古典文化的普及传播者。她在书中，以宝盖头底下汉字的演变轨迹为切入点，讲述家、家族、家训、家庭秩序感、仪式感等中国自古以来的"家文明"，串联起"由家到宇宙"的哲学体系，以生命感悟激活了经典中的属于中华民族的精神基因。只有理解家道文化的"根"是如何一点点成长，才能找到家的"魂"。以文化人，化入人心，东易日盛希望用传统家文化的精髓滋养人们的内心，重返心灵的宁静，真正为国人营造和谐、幸福的家生活。

设计师眼中的"家文化"

前沿：您是如何理解家文化的？

陈鹏：人"和"是关键。"家文化"说到底其实是一个"和谐"，这也是中国古老文化传承中"和"的文化。"和"是人与自然的和谐、人与人的和谐、人与自我的和谐。在家中"人"是第一位的，人与人之间的情感交流，不同家庭成员之间的情感互通性，是特别重要的。它涉及夫妻关系、父子关系、母女关系、婆媳关系等诸多方面。而这与我们探寻的生活方式其实是相通的。从设计层面怎样把家和万事兴的"和"营造出来、设计出来，这是重要的地方。那就需要对生活方式进行一个整体规划，塑造"人与空间"的和谐。

前沿：您是如何定义家文化与生活方式之间的关系的？

陈鹏：两者是相辅相成的，生活方式只是一种生活的方式，而生活方式的灵魂就是家庭的一种文化，生活方式是家文化的一个载体。家里边的文化是一种很颓废的文化，还是一种很积极很正向的文化，是跟生活方式有关的。生活中有很多选择，而选择的结果导致了不同的生活方式和状态。家装饰特奢华，很好，但连间像样的书房都没有，从文化层面来看未免显得苍白。而传承文化的最重要方式就是阅读，面积足够可有图书馆，面积不足可选书吧或书房，从书房到书吧再到家庭图书馆，是三个不同的层次，但一定要有。一张书桌，不仅是买了一件产品，而是选择了一种阅读的生活方式，之后的生活自然会大不相同。这也是我跟客户常会提到的文化的延伸的方面。

特邀设计师 陈鹏
东易日盛北京原创 墅装首席专家

前沿："我们需要什么样的家？"如果是您，您会给出什么答案？

陈鹏：我们要的是什么样的家？它代表着千千万万的客户想提出的问题。那是奢华的、浮夸的、低调的、自然的、华丽的、优雅的吗？都不是，如果非要加一个形容词的话，那肯定是一个幸福的家。幸福是因人而异的，每个人对幸福的定义是不同的，每个人向往的幸福也就不同。所以我们给客户打造的是不同人的幸福。房子不是家，有人的家才是家，住宅是不同人群共同生活的空间，所以设计也要切合不同人群的喜好和需要，一家人的和谐幸福就是我们设计的出发点。幸福的家，这是一个最终的标准，但实现这个最终的标准，我们要根据客户不同的需求去做，还要再加一些引领调和，奢华的我们会增加一些文化的沉淀在里面；朴拙文艺的我们会说别活得太拘谨，给生活加点色彩。我们是站在生活的规划师的角度去帮客户寻找最合适的中间点，让客户幸福。而幸福的出发点是基于他的情况，并在他的想法上再升华，让他的幸福指数和未来的持久性更多一些。

壹。 家之初

什么是"家"？
现代人究竟还有没有家？
觥筹交错之间的你，
是不是还有着对家的眷恋？
也许我们已经忘记家是什么了！

"家"字上面的宝盖头，其实象征着"屋顶"，在房子里面能够养一头小猪，就已经叫作"家"了！也就是说，家从来不求大富大贵。能养头猪，老的小的能有肉吃，能做点小买卖，这就是个家。因为家让他们聚集到了一起。

没有哪一个民族的"家"文化，能够像在中国文化中这样凸显和丰富，没有哪一个国家的人，对家的依恋能够像中国人这样强烈。"家"就是那个我们生于斯长于斯的地方，是可以永远依赖和寄托我们身心的居所。对于大多数中国人来讲，人生道路上如果没有一个"家"，在精神上就会永远处于"居无定所"的心理感觉中。

> "我们在家里使用它的时间，利用它的功能都太少了。我们怎么样把这些真正用起来呢？唤醒对家的热爱，大家才能够有回家的愿望，大家能够把家里的功能运用充分了，其实家才变成人与社会之间一个安顿的逻辑起点。衣、食、住、行所有这一切都是我们要考量的目标。"

让家更有温度

空间，**复合化应用**

以人的关怀为核心，展开人口与功能的合理分配，运用功能空间复合化来满足个性需求。
或私人订制，或极致收纳，或叠加拓展，空间的魔法随意玩转。

1. 对孩子、老人安全的考虑，从主材的环保性到家具设计的安全性，必须放在首要位置；选择可擦洗、防滑耐磨损材料，保障安全的同时易于清洁。

2. 书柜让客厅空间更加合理化、实用化。让客厅具备书房的功能，解决居室空间不足又能在装饰空间的同时拥有强大的储物功能。

3. 榻榻米是解决小户型空间较好的方法，集喝茶、睡觉、储物于一体的设计，合理利用居室每一寸空间。

4. 淋浴间大小考虑到洗手时伸手、转身所需空间，最好能容纳一个大人和一个孩子同时洗澡，或可放下一个儿童澡盆，以供大人给孩子洗澡。无障碍的设计，方便老人进出。

贰。 家之安

好房子里就一定有好日子吗？
你回家了吗？
你的心在家吗？
你的家人之间和睦吗？
回家，是一种安宁，
而家的安宁是真正的奢侈。

家中有女即是"安"。中国的传统是"男主外，女主内"。家的"屋顶"是扛在女人肩上的。**一个好母亲，就是一家的门风，母亲才是一个家族的是非。**

"宀"下面是一横，下面是人的脚朝哪个方向走。全家人朝着一个方向走，就叫定。家里上下辈有代沟，夫妻同床异梦，房顶底下没了"一"，脚步乱走，就不定了。

繁体的"寧"是宝盖头下有一颗"心"，"心"下面是一个"皿"，最底下是"丁"。心要先回到自己的屋顶下，桌上有吃有喝，人往这里一坐，心就安顿了。吃着家里的饭，觉得这就是好日子。

"善"上面是羊，下面两点是羊的眼睛，用羊的眼睛看世界，是温柔、驯良的。用这样的态度说话，是善言善语。祸从口出，病从口入，家里能管好嘴，是家庭文化的一个风向标。

孩子眼中的"安""宁"是什么？房子底下有个女，就是妈妈在家，房子底下有个"丁"，就是爸爸在家，妈妈爸爸都在，家就安宁了。

"害"也是"宀"的字。一个家里总有一个是比较计较的，别人的好意挡不住他一个人的恶意。这个刻薄的人一贯三，用刻薄的态度开口说话，就是家里的祸害。

"大家装修的时候会发现一个尴尬的悖论，就是越奢华的人家使用率越低。因为奢华的人家往往还有第二住宅、第三住宅，甚至其他城市的住宅。但哪一个住宅都不是自己真正的家。奢华的主人在外面的应酬太多，孩子很出息上了各种学，大人很出息加着很多班，大家都被出息绑架了，最后这样一所奢华的装修究竟给谁呢？装出来的只是房子，不是日子。"

让你更爱家

交流，**情感的互动**

家文化应该是有温度的。让社交空间、生活空间与商务空间融于一体，去创造一个家人、朋友、伙伴都乐在其中的开放空间。通过开展家庭社交活动，满足人们对于居住、社交和娱乐等多层面的需求。不只要像酒店式的舒适，更重要的是在专属空间中满足家庭式情感的交流与互动。

1. 注重多层次空间中交流需求的实现。客、餐厅与厨房的设计考虑空间的交流性，便于主人在筹备美食过程中，随时照顾好客人。

2. 在亲密的朋友、家人聚会时，主人与客人一同备餐，选择大台面半岛式、岛式橱柜便于交流沟通，作为操作台解放烹饪区空间，摆放需要烹饪的食材。

3. 客厅多方向的模块组合沙发便于客人间小范围交谈；设置不同的功能区，如儿童游戏区、水吧区、品茶区等。

4. 家具产品的选择不被套系左右，便于沙发、茶几、吧台桌椅能相对独立和重组。同时空间需要尽可能多的台面，便于酒水、酒杯、水果随手地摆放。

5. 为家人和宾客提供多样的互动交流方式，增加融入感。

叁。家之序

什么是家之规，家之序？

男人是家的脊梁；女人是家的灵魂。

父亲是家的规矩；母亲是家的养育。

孝亲敬老，长幼有序；行之得其节，礼之序也。

男人是在田里用力气的人，男人要在外面出力气养家。

父亲是一个家里最高的规矩。跟男性长辈相关的都是"父"字头，"爷""爹""爸"都是，这个字头意味着规矩，"养不教，父之过"，父亲不是简单的生理角色，还是一种秩序和一种身份。一个家里面，父亲定了家规与家训。

妇人是在家里拿扫帚的人。女人要把家里收拾得窗明几净，有家里的安稳秩序。

甲骨文里的"母"这一横有个拐弯，象征一个人跪坐着，横过来的两个点是乳房，哺育婴儿的这个女人叫作母亲。过去父亲就是规矩，母亲就是养育。母亲对一个孩子是终生的精神哺乳。母亲给了孩子安全感，而这样的安全感会陪伴孩子终生。

"孝"字老在上，子在下，小孩托着老人，伺候老人，这就是孝道。"孝"字半老半子，言亲已老半入土，为子就是手足以奉养扶持。孝者百行之首，万善之源，乃为人该行该守之第一重大义务也。

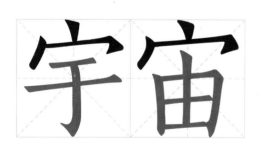

大家觉得"宀"下面都是很小的地方，但是有一个词也是"宀"下面生成的字，那就是"宇宙"。上下四方为宇，往来时光为宙。宇宙便是空间和时光交错的坐标。什么是"家和万事兴"？家里该有什么？就是从家史到宇宙"宀"下面的学问。

"中国人的'秩序感'是什么？道是最高的准则。什么叫'道'？天地万事万物的属性是把世界上的阴暗、险恶、纷争都扛在背后，把所有的温暖、善意都拥入自己的怀中。而中国的好房子的标准恰恰就是'负阴抱阳'，因为我们中国的位置处于地球北半球，后面就是蒙古高原，都是西伯利亚的寒风。所以房子要朝南，面对暖阳，让阳光可以进入房子里，对于房间的后面墙你会看到在中国的东北、西北会特别的厚实，这样可以抵御寒风。这是从哲学到建筑再到一个家的秩序共同的特点。"

让生活更精致

品质，**就是秩序**

"品质"是东易对居家生活不变的追求。在强调自我生活的品质和享受的同时，是对家庭生活秩序的管理。注重有序的分类及精细化处理，关注人的深度体验，在细节处尽显生活格调。

1. 生活空间的归纳、流线的清晰、配置的标准是"居家"高品质的前提。

2. 客厅，家人的日常相聚休憩作息之所，从尺寸到陈设既实用又兼具美感，每一处都是别样的风景。

3. 根据"居家"主人的生活习惯，将衣物、鞋帽、皮包进行分类，突出分类收纳的有序性。

4. 被忽略的车库、洗手台、厨房区域也要保持干净、整洁，通过合理分类规整，让生活更加井然有序。

肆。 家之仪

你的家是什么样子？
家里的生活是什么样子？
家的样子就是生活的态度。
家需要一些仪式感，
它包含着尊重、重视、希望和爱。
生活中不仅有柴米油盐，还有诗和远方。

"茶"字写出来是什么呢？"人在草木之间"上有草，下有木，中间有个人。人在才成茶，人要喝出草木香，跟上四时流转的调整，才能得到真正的茶道。茶，是中国人和四季的默契；茶，是中国人血液中的乡土。它是一种生活的方式，它是一种处世的态度，它是一种成长的滋养，它也是我们的一种价值默契。

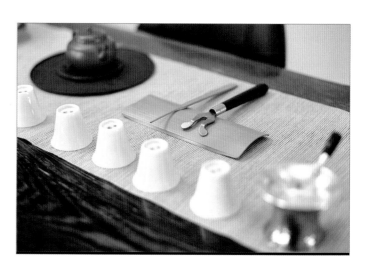

我们大家都喜欢田园，中国著名的田园诗人鼻祖陶渊明写过他在家看书的样子："泛览周王传，流观山海图。俯仰终宇宙，不乐复何如。"你想想这是什么境界呀！"泛览""流观"，这是怡情养性的一种方式，仰观天地之大，俯查品类之盛，读书读得最高境界就是五个字"不乐复何如"，不高兴你还想看完它。

"现在的家庭太没有家庭仪式感了。家成了一个混乱无序的地方，一个长幼辈分不分的地方，一个什么话都可以冲口而出的地方。家难道仅仅是一个休闲的地方，家还是建立一个人跟社会关系起点的地方。"

让生活更美好

态度，**生活不将就**

为你提供更好的生活方式，就是东易的态度。仪式感存在于生活的细节中，仪式感，是对生活深深的热爱。仪式感让生活成为生活，而不是简单的生存。生活礼仪是直观表达一个人品味的窗，无关房屋面积的大小，如何让居住者的生活方式、生活态度与个人品味融入其中，营造一种个性化的生活场景是设计的落脚点。

1. 设计要让生活空间与居住者的品味、审美情趣和生活态度相契合。

2. 客厅是生活起居核心区域，家居陈设的形式凸显主人的生活态度，会客接待为第一诉求，强化接待的仪式感。

3. 书房是凸显品味的生活空间，可以将书房定位成典藏室，设置茶桌、沙发，在接待客人的同时，展现主人的品味与爱好。

4. 餐厅品味主要体现在菜品、器品与用餐习惯等细节方面，展示品味并非停留在简单的设计层面，更注重主人内在文化底蕴的展示。

5. 以茶为媒的生活礼仪。茶，喝的是一种心境，品的是一种情调。擎一盏清茶，品味着四季的蕴味，沉淀了思绪，选择了一种简单而优雅的生活。

"从中国宝盖头底下的字，说到家规家训，说到家庭教育、家庭价值观……这一切的一切贯穿了古今中外，就是我们理解家庭文化的一个综合的积淀。家不是一个简单的生活联盟体，家庭其实是一个人的起点，也是一个人的归属，是让一个人走向社会又能回头找到的那个最实在的坐标。"

全国分公司查询
LIST OF NATIONWIDE BRANCHES

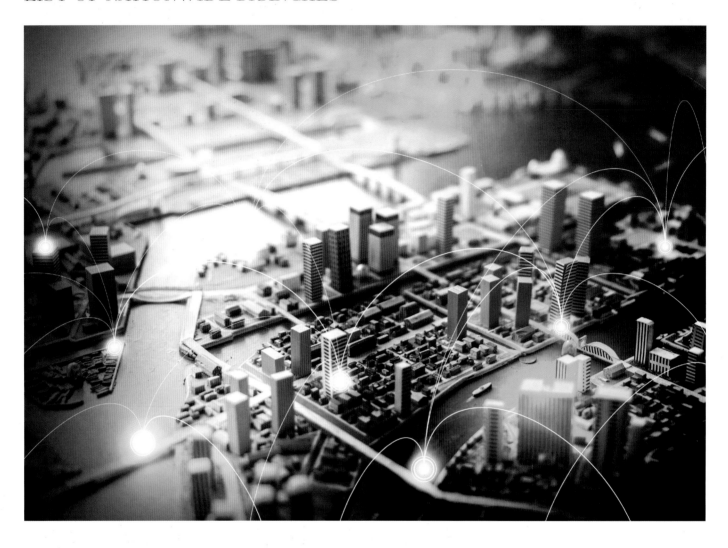

直营分公司

北京分公司	400-999-9167	成都分公司	028-85577425	金华分公司	400-806-5858	石家庄分公司	400-031-1321
北京别墅	400-999-9162	青岛分公司	400-850-0532	温州分公司	400-057-0166	大连分公司	400-104-3366
北京整体家居体验馆	400-061-7023	沈阳分公司	400-630-5166	杭州分公司	400-057-1868	东莞分公司	400-831-4100
上海分公司	400-102-9699	西安分公司	400-029-6599	宁波分公司	0574-87255227	深圳分公司	400-863-6811
上海别墅	400-921-6718	郑州分公司	400-992-9518	昆明分公司	400-087-1420	深圳别墅	400-110-7020
苏州分公司	400-828-2316	重庆分公司	400-030-3330	兰州分公司	400-093-1576	佛山分公司	400-831-8809
南京分公司	400-118-2713	长沙分公司	0731-89826959	无锡分公司	400-809-9778	福州分公司	400-832-0099
天津分公司	400-691-1695	武汉分公司	400-999-7057	南宁分公司	400-680-8862		

战略管理公司

太原	400-636-5226	南通	0513-85220758	长春	400-072-8366